中國古代鹽運聚落與建築研究叢書

中国古代盐运聚落与建筑研究丛书
丛书主编 赵逵

河东盐运古道上的聚落与建筑

赵逵 陈创 著

图书在版编目（CIP）数据

河东盐运古道上的聚落与建筑 / 赵逵，陈创著．—
成都：四川大学出版社，2023.7
（中国古代盐运聚落与建筑研究丛书 / 赵逵主编）
ISBN 978-7-5690-6258-8

Ⅰ．①河… Ⅱ．①赵… ②陈… Ⅲ．①聚落环境—关
系—古建筑—研究—山西 Ⅳ．①X21 ②TU-092.2

中国国家版本馆 CIP 数据核字（2023）第 140543 号

书　　名：河东盐运古道上的聚落与建筑
Hedong Yanyun Gudao Shang de Juluo yu Jianzhu
著　　者：赵　逵　陈　创
丛 书 名：中国古代盐运聚落与建筑研究丛书
丛书主编：赵　逵

出 版 人：侯宏虹
总 策 划：张宏辉
丛书策划：杨岳峰
选题策划：杨岳峰
责任编辑：梁　明
责任校对：李　耕
装帧设计：墨创文化
责任印制：王　炜

出版发行：四川大学出版社有限责任公司
地址：成都市一环路南一段 24 号（610065）
电话：（028）85408311（发行部）、85400276（总编室）
电子邮箱：scupress@vip.163.com
网址：https://press.scu.edu.cn
审 图 号：GS（2023）3789 号
印前制作：成都墨之创文化传播有限公司
印刷装订：四川宏丰印务有限公司

成品尺寸：170mm×240mm
印　　张：11.5
字　　数：176 千字

版　　次：2023 年 9 月 第 1 版
印　　次：2023 年 9 月 第 1 次印刷
定　　价：80.00 元

本社图书如有印装质量问题，请联系发行部调换

扫码获取数字资源

四川大学出版社
微信公众号

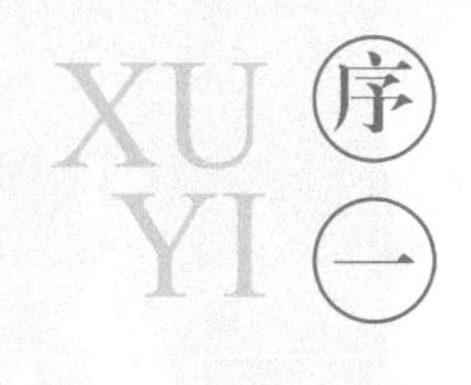

“文化线路”是近些年文化遗产领域的一个热词，中国历史悠久，拥有丝绸之路、茶马古道、大运河等众多举世闻名的文化线路，古盐道也是其中重要一项。盐作为百味之首，具有极其重要的社会价值，在中华民族辉煌的历史进程中发挥过重要作用。在中国古代，盐业经济完全由政府控制，其税收占国家总体税收的十之五六，盐税收入是国家赈灾、水利建设、公共设施修建、军饷和官员俸禄等开支的重要来源，因此现存的盐业文化遗产也非常丰富且价值重大。

正因为盐业十分重要，中国历史上产生了众多的盐业文献，如汉代《盐铁论》、唐代《盐铁转运图》、宋代《盐策》、明代《盐政志》、《清盐法志》、近代《中国盐政史》等。与此同时，外国学者亦对中国盐业历史多有关注，如日本佐伯富著有《中国盐政史研究》、日野勉著有《清国盐政考》等。遗憾的是，既往的盐业研究主要集中在历史、经济、文化、地理等单学科领域，而从地理、经济等多学科视角对盐业聚落、建筑展开综合研究尚属空白。

华中科技大学赵逵教授带领研究团队多次深入各地调研，坚持走访盐业聚落，测绘盐业建筑，历时近二十年。他们详细记录了每个盐区、每条运盐线路的文化遗产现状，绘制了数百张聚落和建筑的精准测绘图纸。他们还运用多学科研究方法，对《清盐法志》所记载的清代九大盐区内盐运聚落与建筑的分布特征、形态类别、结构功能等进行了系统研究，深入挖掘古盐道所蕴含的丰富历史信息和文化价值。这其中，既有纵向的历时性研究，也有横向的对比研究，最终形成了这套“中国古代盐运聚落与建筑研究丛书”。

“中国古代盐运聚落与建筑研究丛书”全面反映了赵逵教授团队近二十年的实地调研成果，并在此基础上进行了理论探讨，开辟了中国盐业文化遗产研究的全新领域，具有很高的学术研究价值和突出的社会效益，对于古盐道沿线相关聚落和建筑文化遗产的保护也有重要的促进作用，值得期待。

（汪悦进：哈佛大学艺术史与建筑史系洛克菲勒亚洲艺术史专席终身教授）

2023 年 9 月 20 日

序二

人的生命体离不开盐，人类社会的演进也离不开盐的生产和供给，人类生活要摆脱盐产地的束缚就必须依赖持续稳定的盐运活动。

古代盐运道路作为一条条生命之路，既传播着文明与文化，又拓展着权力与税收的边界。中国古盐道自汉代起就被官方严格管控，详细记录，这些官方记录为后世留下了丰富的研究资料。我们团队主要以清代各盐区的盐业史料为依据，沿着古盐道走遍祖国的山山水水，访谈、拍照、记录无数考察资料，整理形成这套充满“盐味”的丛书。

古盐道延续数千年，与我国众多的文化线路都有交集，“茶马古道也叫盐茶古道”“大运河既是漕运之河，也是盐运之河”“丝绸之路上除了丝绸还有盐”，这样的叙述在我们考察古盐道时常能听到。从世界范围看，人类文明的诞生地必定与其附近的某些盐产地保持着持续的联系，或者本身就处在盐产地。某地区吃哪个地方产的盐，并不是由运输距离的远近决定的，而是由持续运输的便利程度决定的。这背后综合了山脉阻隔、河运断续、战争破坏等各方面因素，这便意味着，吃同一种盐的人有更频繁的交通往来、更多的交流机会与更强的文化认同。盐的运输跨越省界、国界、族界，食盐如同文化的显色剂，古代盐区的分界与地域文化的分界往往存在若明若暗的契合关系。因为文化的传播范围同样取决于交通的可达范围，盐的运输通道同时也是文化的传播通道，盐的运销边界也就成为文化的传播边界，从“盐”的视角出发，可以更加方便且直观地观察我国的地域文化分区。

另外，盐的生产和运输与许多城市的兴衰都有密切关系。如上海浦东，早期便是沿海的重要盐场。元代成书的《熬波图》就是以浦东下沙盐场为蓝本，书中绘制的盐场布局图应是浦东最早的历史地图，图中提到的大团、六灶、盐仓等与盐场相关的地名现在依然可寻。此外，天津、济南、扬州等城市都曾是各大盐区最重要的盐运中转地，盐曾是这些城市历史上最重要的商品之一，而像盐城、海盐、自贡这些城市，更是直接因盐而生的。这样的城市还有很多，本丛书都将一一提及。

盐的分布也带给我们一些有趣的地理启示。

海边滩涂是人类晒盐的主要区域，可明清盐场随着滩涂外扩也在持续外移。滩涂外扩是人类治理河流、修筑堤坝等原因造成的，这种外扩的速度非常惊人。如黄河改道不过一百多年，就在东营入海口推出了一座新的城市。我从小生活在东营胜利油田，四十年前那里还是一望无际的盐碱地，只有“磕头机”在默默抽着地底的石油。待到研究《山东盐法志》我才知道，我生活的地方在清代还是汪洋一片，早期的盐场在利津、广饶一带，距海边有上百里地，而东营胜利油田不过是黄河泥沙在海中推出的一座“天然钻井平台”，这个平台如今还在以每年四千多亩新土地的增速继续向海洋扩张。同样的地理变迁也发生在辽河、淮河、长江、西江（珠江）入海口，盐城、下沙盐场（上海浦东）、广州等产盐区如今都远离了海洋，而江河填海区也大多发现了油田，这是个有意思的现象，盐、油伴生的情况也同样发生在内陆盆地。

盐除了存在于海洋，亦存在于所有无法连通海洋的湖泊。中国已知有一千五百多个盐湖，绝大多数分布在西藏、新疆、青海、内蒙古等地人迹罕至的区域，胡焕庸线以东人类早期大规模活动地区的盐湖就只剩下山西运城盐湖一处，为什么会这样？因为所有河流如果流不进大海，就必定会流入盐湖，只有把盐湖连通，把水引入海洋，盐湖才会成为淡水湖（海洋可理解为更大的盐湖）。人类和大型哺乳动物都离不开盐，在人类早期活动区域原本也有很多盐湖，如古书记载四川盆地就有古蜀海，但如今汇入古蜀海的数百条河流都无一例外地汇入长江入海，古蜀海消失了；同样的情景也发生在两湖盆地，原本数百条河流汇入古云梦泽，而如今也都通过长江流入大海，古云梦泽便消失了；关中盆地（过去有盐泽）、南阳盆地等也有类似情况。这些盆地现今都发现蕴藏有丰富的盐业资源和石油资源，推测盆地早期是海洋环境（地质学称“海相盆地”），那么这些盆地的盐湖、盐泽哪里去了？地理学家倾向于认为是百万至千万年前的地质变化使其消失的，可为什么在人类活动区盐湖都通过长江、黄河、淮河等河流入海了，而非人类活动区的盐湖却保存了下来？实际上，在人类数千年的历史记载中，“疏通河流”一直都是国家大事，如对长江巫山、夔门和黄河三门峡，《水经注》《本蜀论》《尚书·禹贡》中都有大量人类在此导江入海的记载，而我们却将其归为了神话故事。从卫星地图看，这些峡口也是连续山脉被硬生生切断的地方，这些神话故事与地理事实如此巧合吗？如果知晓长江疏通前曾因堰塞而使水位抬升，就不难解释巫山、奉节、巴东一带的悬棺之谜、悬空栈道之谜了。有关这个问题，本丛书还会有所论述。

盐、油（石油）、气（天然气）大多在盆地底部或江河入海口共生，海盐、池盐的生产自古以日晒法为主，而内陆的井盐却是利用与盐共生的天然气（古称“地皮火”）熬制，卤井与火井的开采及组合利用，充分体现了我国古人高超的科技智慧，这或许也是中国最早的工业萌芽，是前工业时代的重要遗产，值得深度挖掘。

本丛书主要依据官方史料，结合实地调研，对照古今地图，首次对我国古代盐道进行大范围的梳理，对古盐道上的盐业聚落与盐业建筑进行集中展示与研究，在学科门类上，涉及历史学、民族学、人类学、生态学、规划学、建筑学以及遗产保护等众多领域；在时间跨度上，从汉代盐铁官营到清末民国盐业经济衰退，长达两千多年。开创性、大范围、跨学科、长时段等特点使得本丛书涉及面很广，由此我们在各书的内容安排上，重在研究盐业聚落与盐业建筑，而于盐史、盐法为略，其旨在为整体的研究提供相关知识背景。据《清史稿》《清盐法志》记载，清代全国分为十一大盐区：长芦、奉天（东三省）、山东、两淮、浙江、福建、广东、四川、云南、河东、陕甘。因东北在清代地位特殊，长期实行“盐不入课，场亦无纪”，而陕甘土盐较多，盐法不备，故这两大盐区由官府管理的盐运活动远不及其他九大盐区发达，我们的调研收获也很有限，所以本丛书即由长芦等九大盐区对应的九册图书构成。关于盐区还要说明的是，盐区是古代官方为方便盐务管理而人为划定的范围，同一盐区更似一种“盐业经济区”，十一大盐区之外的我国其他地区同样存在食盐的产运销活动，只是未被纳入官方管理体制，其“盐业经济区”还未成熟。

十八年前，我以“川盐古道”为研究对象完成博士论文而后出版，在学界首次揭开我国古盐道的神秘面纱，如今，我们将古盐道研究扩及全国，涉及九大盐区，首次将古人的生活史以盐的视角重新展示。食盐运销作为古代大规模且长时段的经济活动，对社会政治、经济、文化产生了深远的影响。古盐道研究是一个巨大的命题，我们的研究只是揭开了这个序幕，希望通过我们的努力，能够加深社会公众对于中国古代盐道丰富文化内涵的认知和对于盐运与文化交流传播关系的重视，促进古盐道上现存传统盐业聚落与建筑文化遗产的保护，从而推动我国线性文化遗产保护与研究事业的进步。

于哈佛

2023 年 8 月 22 日

QIAN
YAN

河东盐池一带是中国古代文明的重要发源地，其所产池盐自上古时期即用于满足山西、陕西、河南三省部分地区居民的食盐需求，明代曾供关中平原和洛河平原的皇族食用，并逐渐形成了相对稳定的行销区域和运销路线。由于河东盐业的衰落，如今人们日常用盐以井盐和海盐为主，池盐的关注度并不高，如何将河东池盐的历史相对客观、完整、生动地介绍给读者，是笔者思考关注的焦点。

前言

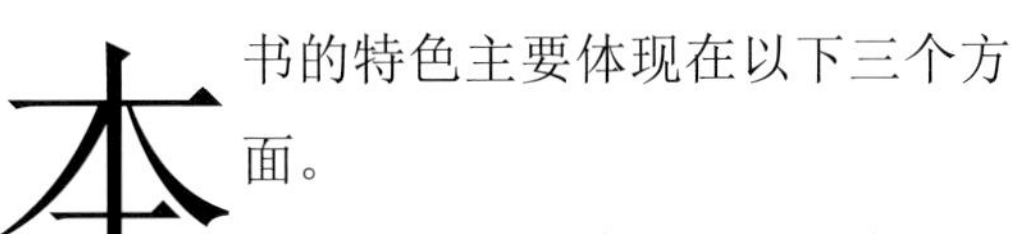

本书的特色主要体现在以下三个方面。

第一，明确明代“开中制”对于河东池盐行销的重要性。明初就开始实施的食盐营销制度——开中制，规定商人可以运输茶、粮、马、布匹等军需物资至边地从而换取盐引，再到指定盐场领盐运销。开中制下，领取河东池盐盐引之地为北方最重要的边关——长城九边中的大同、太原、延绥（榆林）三镇，山陕商人因开中制获利丰厚，成为当时全国著名商帮之一。所以明代开中制对于河东池盐的行销有着至关重要的影响。

第二，客观地探讨发源于运城的关帝信仰与河东池盐的关系。关羽在世人心中一直是忠义名将，其后世多个朝代都以关羽为忠义的化身。河东池盐产地运城是武圣关羽的故乡，人们在此修建了一座被称为“武庙之祖”的关帝庙，而关羽最开始从事贩盐时，贩卖的正是运城池盐，他依靠贩盐积累了财富，后来才与刘备、张飞结拜，这是盐业中关帝信仰的来源，关羽也因此成为山陕盐商信奉的行业神。

第三，注重与周边盐区的比较。河东池盐虽产于运城一地，但行销三省，除河东池盐的行销区域以外，陕、晋、豫三省内还有多个其他食盐销区，如山西的山西土盐区、蒙古盐区，陕西的花马池盐区，河南的长芦盐区、山东盐区和淮盐区。这些盐区与池盐区紧密相连，盐销区之间的边界也成为不同盐文化传播的边界。这种基于客观地理环境与人的主观活动之上的区域性文化传播现象，具有促使建筑产生地域性特征的可能性，因此笔者在研究传统建筑时，也将视野重点放在了盐区之间的比较上。

本书能够出版，首先应该感谢赵逵工作室的全体成员，是大家的共同努力和研究积累，丰富和充实了本书内容。特别要感谢张钰老师，她在团队实地调研过程中给予了全方位的后勤支持，在书稿策划、出版协调过程中付出了大量的精力和心血。对方婉婷同学在后期书稿修订和范欧颖同学在地图整理与信息标示方面付出的努力，在此也一并致谢。

目
录
MU
LU

第一章

河东盐业概述

本书所探讨的清代河东盐区，据雍正《河东盐法志》记载，包括山西晋南和晋东南地区（今长治、临汾等地），关中与陕南地区（今西安、商洛、铜川、渭南等地），豫西、豫中和豫南部分地区（今南阳、洛阳、平顶山等地）（图 1-1）。

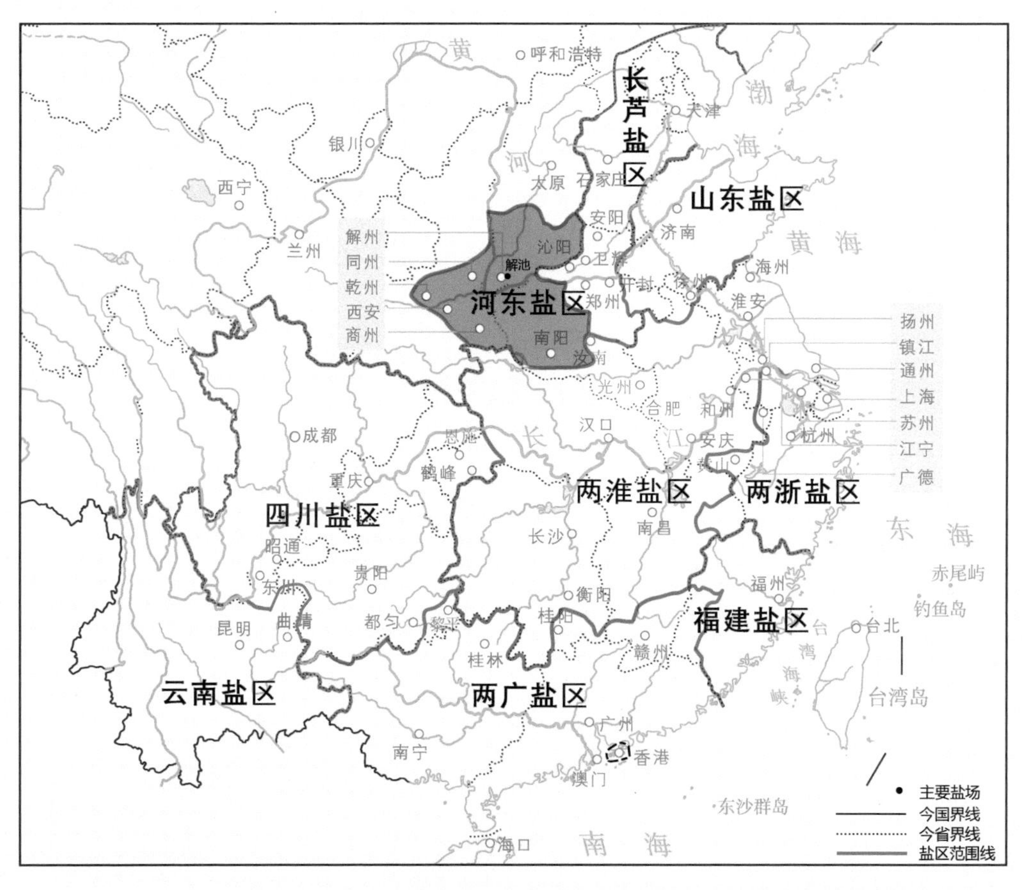

图 1-1　清代全国九大盐区范围及河东盐区主要区域与重要盐场位置示意图[①]

① 各盐区的范围在不同时期不断有调整，本图是综合清代各盐区盐法志的记载信息绘制的大致示意图。具体研究时，应根据当时的文献记载和实践情况来确定实际范围。

第一节

河东盐区概况

河东盐区贩销的是解州的池盐，明代关中平原和洛河平原的皇族主要食用此盐。在明代开中制下，河东池盐直通北方最重要的边关——长城九边中的大同、太原、延绥（榆林）三镇，明政府以盐引为凭，为边关军屯换取粮、茶、马、布等各种军需物资。因地近中原，河东池盐及其盐运对于中国古代中原地区的发展乃至中华文明的形成与发展产生了极其深远的影响。

一、河东盐区的自然地理条件

出产河东池盐的运城盐池位于山西省南部，南靠中条山（图1-2），西临解州，东临安邑，形态东西长而南北窄（图1-3）。造山运动和地壳变化使中条山北麓断裂，形成了一个狭长的凹陷地带，后逐渐形成湖泊，且运城池盐为闭流自流水盆地，四周潜水均向池心汇流，汇流途中溶解了不同地层中的盐分，并

图 1-2　河东盐池与中条山

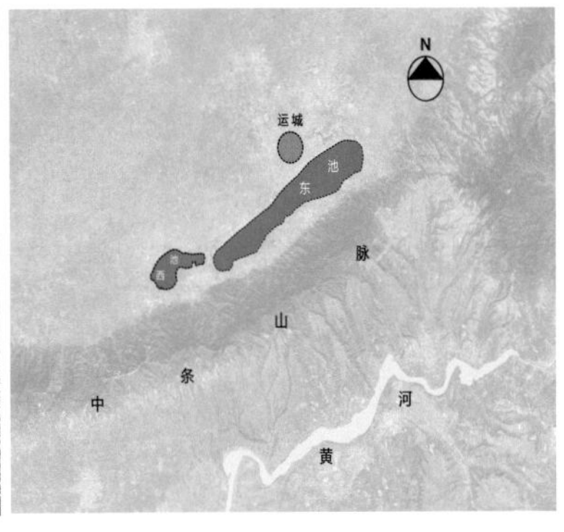

图 1-3　运城与河东盐池的区位关系

不断蒸发、浓缩，盐类物质不断沉积，使之最终变成了盐池。

河东盐池又分为安邑附近的东池（解池），解州附近的西池（女盐池）以及西池附近的六小池（图 1-4）。曾有黑河横贯东池，下接盐层，带来大量卤水，使得东池成为最重要的池盐产地；西池没有固定滩界，“客涝时，注溢，则水淡生鱼；干则水苦生硝”[①]，盐产量不稳定且味苦，因此只在东池遭灾减产时补充产盐；六小池隶属于西池，分别名永小、金井、贾瓦、夹凹、苏老、熨斗，产量更加有限，也不作为主要产盐池。

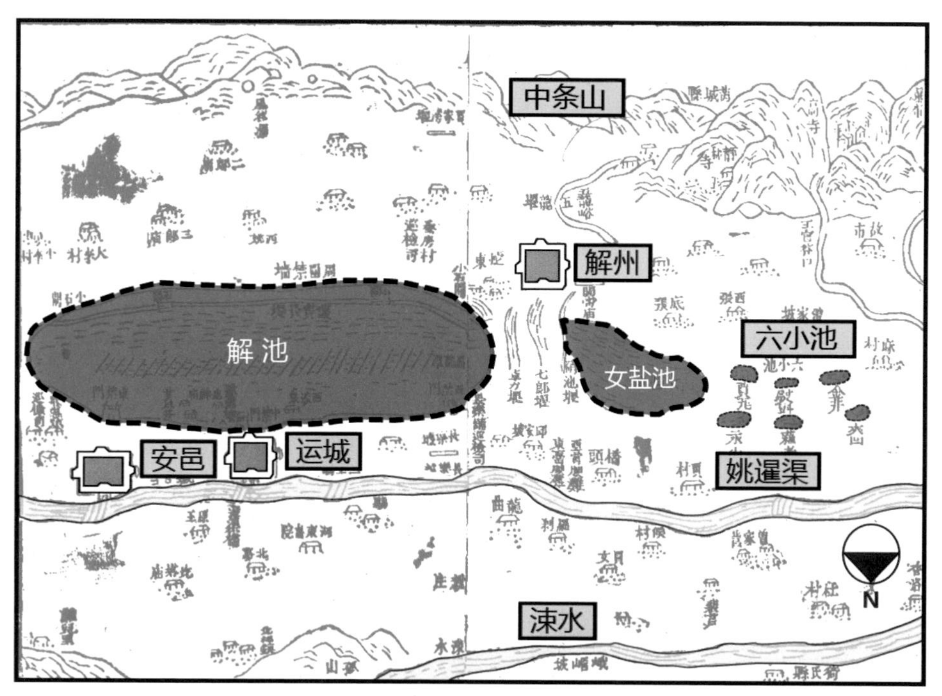

注：笔者根据《河东盐法志》改绘。

图 1-4 《河东盐法志》记载的盐池一带

① （清）蒋兆奎：《河东盐法备览》卷一《盐池》。

《敕修河东盐法志》中的河东大盐池图所描绘的即为运城解州盐池，其池在中条山以北，周边被围墙环绕拱卫，围墙内有 549 座盐田，分东、中、西三大盐场，对应东、中、西三座城门，盐铺分城内铺与城外铺两种，其中城内铺 32 座，城外铺 36 座（图 1–5）。解州是关羽故乡，大关帝庙即在盐池附近，北宋及以前这里是历代皇家食盐的主要供应区。

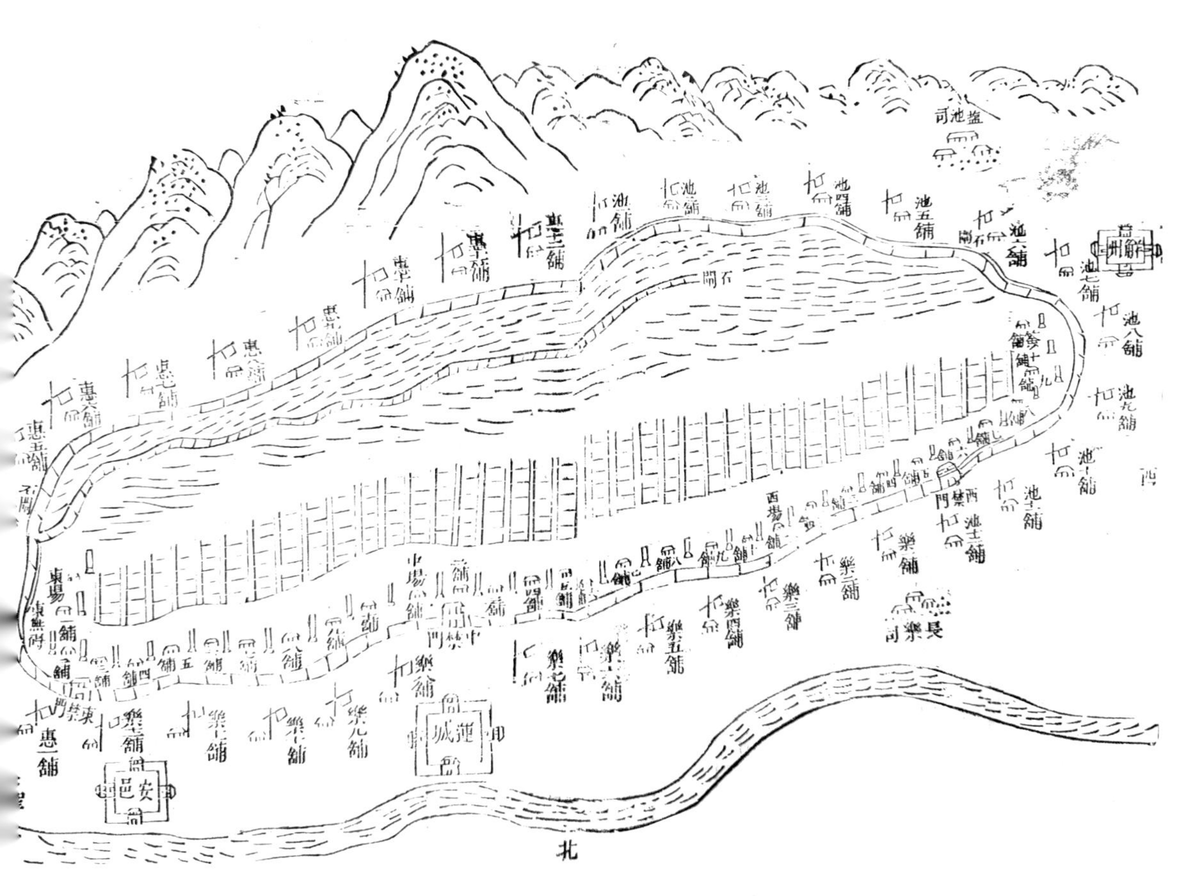

图 1–5 《敕修河东盐法志》中的运城解州盐池

二、河东盐区的历史沿革

河东池盐历史十分悠久。相传黄帝与蚩尤曾在盐池一带争战，而此后盐池水又被称为蚩尤血，这即是对黄帝与蚩尤争夺盐池的隐喻；尧、舜、禹均在盐池附近建都；至周代，《周礼》中记载“祭祀共其苦盐、散盐”①，苦盐即池盐，在周代作祭祀用。此后自春秋战国时期开始，统治阶级愈加重视河东池盐，逐渐由官府严格把持河东盐业。

在漫长的时期里，池盐的生产依赖自然曝晒、人工捞取，“周官盐，不炼而成”②。不同于海盐必须煎煮的生产方法，池盐曝晒可成的特征带来了巨大的便利。但为了进一步提高生产效率，人们探索新的产盐方法，经过秦汉直至隋代的生产探索，最终在唐代形成了完善的垦畦浇晒法，并一直沿用到后世。

河东池盐的运销范围包括陕、晋、豫三省部分地区，但在不同历史时期亦有变动：

唐代以前，食盐并无法定的行销区域，自唐代开始国家对食盐采用划区行销的引岸制。河东盐池由于地近京师（西安），因此主要供应京师与京畿的食盐，此外，河东池盐还行销各地，销地有不断扩大之势。根据《资治通鉴》记载，在建中年间（780年），“时自许、汝、郑、邓之西，皆食河东池盐”③。《旧唐书》卷四十八记载，元和六年（811年）闰十二月，户部侍郎判度支卢坦奏：“河中两池颗盐，敕文只许于京畿、凤翔、陕、虢、河中泽潞、河南许汝等十五州界内粜货。比来因循，兼越兴、凤、文、成等六州。”

---

① （周）《周礼》卷二《天官冢宰·盐人》。

② （清）顾炎武：《天下郡国利病书》卷四十八《山西四》。

③ （宋）司马光：《资治通鉴》卷二百二十六。

宋朝初年河东池盐的行销采用局部通商政策，后又经数次取消与重新开放。在这种反复变化中，河东池盐的运销范围逐渐扩大，至咸平四年（1001 年）后，发展到三十多州府，具体为："京西则蔡、襄、邓、随、唐、金、房、均、郢州、光化、信阳军；陕西则京兆、凤翔府、同、华、耀、乾、商、泾、原、邠、宁、仪、渭、鄜、坊、丹、延、环、庆、秦、陇、凤、阶、成州，保安、镇戎军；及澶州诸县之在河北者。"[①] 除此之外还有官销区的"三京、二十八州军"，即京都（开封）、南京、西京，以及京东之济、兖、曹、淮、单、郓州，广济军；京西之滑、郑、陈、颍、汝、许、孟州；陕西之河中府、陕、解、虢州，庆成军；河东之晋、绛、慈、隰州；淮南之宿、亳州；河北之怀、卫州及澶州诸县之在河南者。

三、河东盐业的生产技艺

制盐的生产技艺经历了漫长的发展和演变。盐池最早采用"天日暴晒，自然结晶，集工捞采"的方式。郦道元在《水经注》中引用东汉学者服虔之语对解池旁的女盐池进行过描述："引水裂沃麻，分灌川野，畦水耗竭，土自成盐，即所谓咸鹾也，而味苦，号曰盐田。"[②] 这种方法是将盐池水引入盐田，直接晾晒获得含有杂质的盐，后来人们又学会将淡水引进卤水中，大大降低了盐内杂质的含量。隋末唐初制盐的生产技艺变革成功，形成了垦畦浇晒的生产模式（图 1-6）。唐人张守节在《史记正义》中对此有翔实的记载："河东盐池是畦盐，作畦若种韭一畦，天雨下池中，咸淡得均，即畎池中水上畔中，

① （元）脱脱、阿鲁图等：《宋史》卷一八一。

② （北魏）郦道元：《水经注》卷六《涑水》。

深一尺许，以日暴之，五六日则成，盐若白矾石，大小如双，及暮陆，则呼为畦盐。”明清时期垦畦浇晒法定型，在清初形成了一套完整的生产流程和工艺，其生产工艺主要以集卤蒸发为主，分为过箩、调配、储卤、结晶、铲出五个步骤，俗称“五步产盐法”。此法为池盐生产技术的一大进步，影响深远。

注：图片来源于河东盐池神庙。

图 1–6　垦畦浇晒图

第二节
河东盐业管理

一、河东池盐运销

（一）河东池盐运销范围

明初河东池盐法定行销范围包括山西南部的平阳府与潞、泽、沁、辽四直隶州，陕西东部四府，以及河南西北部的河南、怀庆二府，归德直隶州，总共七府五直隶州。另外，因战争对淮盐产量影响之故，河南的南阳、汝宁二府虽在淮盐区但也食用河东池盐。

正德年间，因黄河改道，河南省的交通状况出现变化，原属山东盐区的开封府并入河东池盐区，此时河东池盐进入鼎盛时期。此后盐产量增大的陕西花马池盐因原行销区域的不足开始进入河东池盐销区，尤其是集中于凤翔、汉中二府，而淮盐生产从战争破坏中恢复，产量上升，开始收回失去的销盐区域。嘉靖二十七年（1548 年），汝宁府与开封府被划入淮盐区；嘉靖三十九年（1560 年），南阳府的舞阳县被划入淮盐区；万历十七年（1589 年），因河东池盐减产，河东池盐部分销区被划入山东盐区与长芦盐区；万历三十八年（1610 年），凤翔府被分出河东池盐销区。至此，明代河东池盐运销区基本定型，此格局持续到明朝灭亡。

到清代，引岸制的执行变得十分严格，“一应行盐地方，各有疆界，以杜越贩，凡客商将有引官盐不照原定地面发卖，违例于别境犯界之处货卖者，杖一百”[1]。且清代为确保税收稳定，严守引岸区划，从顺治年间直至宣统末年，清代河东盐区极为固定，据《山西通志》记载：山西平、潞、泽、蒲四府属，解、绛、吉、隰四州属食河东池盐；太、汾、宁武三府属，辽、沁、平、保、忻、代六州属食本处土盐；陕西西安一府属与安、同、商、华、耀、乾、邠七州属食河东池盐；凤翔府属皆食花马池盐；河南南阳、河南二府属，汝、陕二州属与许州之襄城食河东池盐。[2]河东的引岸区划在整个清朝都基本保持相对固定，仅在个别特殊背景下有些微调。

（二）河东池盐运销管理

1. 明代池盐的开中制

明代有一项重要的食盐制度——开中制。开中是国家利用手中的食盐专卖特权，以“盐引”吸引商人将粮、茶、马、布等各种物品输送至边塞地区，体现了盐的重要性。明朝设立九边重镇守卫边境，“初设辽东、宣府、大同、延绥四镇，继设宁夏、甘肃、蓟州三镇，而太原总兵治偏头，三边制府驻固原，亦称二镇，是为九边”[3]。边关地区军用物资需求巨大，而朝廷动用真金白银支付巨大军需，只能以“盐引”（类似现代“支票”）形式支付，这也是晋商最早开票号的主要诱因，而另一方面，军屯产量较低，难以满足驻军对粮食等的需求，民运粮食又会给农民带来巨大负担，正如《明实录》记载：

① （清）蒋兆奎：《河东盐法备览》卷九《律例》。

② （清）曾国荃、张煦修，王轩、杨笃纂：（光绪）《山西通志》卷一八四《盐法略上》。

③ （清）张廷玉：《明史》卷九一《兵志》。

“道路一千余里，民苦挽运，负欠累年”[①]，为了解决这一矛盾，在洪武三年（1370 年），明朝政府与山西商人达成一个协议：山西商人向边关驻军输送粮食等物资，作为回报，其也得到了官方认可的合法贩卖“官盐”的资格。此即开中制之由来。

开中制的一般流程是，先由边镇官员提出开中请求，在皇帝批准后由户部出榜招商，并明确纳粮地点、仓口、数额和商人纳粮后可获取的盐引类别及数量，之后商人向指定的边镇卫所纳粮，相关官员将纳粮数额和支盐数额填写在勘合和底簿上，勘合给予商人，而底簿则送往相关盐运司，商人至盐运司处出示勘合，两者对照无误后即可领取盐引，到政府指定的盐场支盐，再到指定引地贩卖。河东池盐因此被广售到各地。

这一时期的运盐商人获利颇多，但盐丁却不堪劳苦。政府为保证生产力，开始鼓励盐商参与盐池的开采，此后盐池坐商也发展了起来。

2. 清代池盐的引地包销制

“引地包销”，顾名思义，即运商同时承包运盐和销盐工作。清初，河东池盐区的盐商承担全部的生产和运销工作。后随着盐商的运营压力增大，其逐渐无法承担远途运销工作。故清政府大力招商，致使河东盐区的盐商因职能分工的不同而开始分化。直至康熙二十七年（1688 年），洪水破坏了盐区的正常经营，运使苏昌臣通过锭商专从生产（坐商）、招商专事运销（运商）、逐渐撤销土贩等措施整治河东盐务，坐商与运商的划分正式出现。

坐商负责食盐的生产和收购，运商则负责运输流通。由于河东盐区产与销分离，此时坐商不仅大大减少了生产成本，还

① （明）杨士奇、蹇义：《大明仁宗昭皇帝实录》。

拥有“引窝”所有权，其生产积极性显著提高，成为河东盐业生产技术革新的重要推动群体。清代食盐专卖制度规定，没有“引窝”就没有运销食盐的资格，而负责运销的运商一般都要向坐商购买“引窝”。为解决这个问题，政府要求运商向坐商租借“锭名”，即运商在领引行盐时，“必拓坐商锭名，名曰坐锭。每引酬给坐商租息，名曰销价”。锭名是河东池盐经营的注册商号，虽仅坐商注册有锭名，但运商也得按照所运销的坐商注册的锭名进行经营，这就是坐锭。同时，运商因此支付给坐商租用锭名的利息，叫作销价。[①] 由于运商必须向租借的锭名处买盐，因此会被彻底制约，任由坐商抬高盐价。这种食盐运销产业链的最大受益者为坐商，运商获利大减，因此只能靠全部承包运销工作甚至剥削食盐百姓来增加收入。

最终河东池盐区的运销事务全部归官设商人承办，即“引地包销”。盐引全部由户部颁发，每张都盖有户部堂印、司印和河东运使印，写有运商的姓名、籍贯、销售地点与数量等。盐和引相辅相成，缺一不可，一旦盐和引分离，或丢失商引，就要以私贩食盐论处。坐商生产的食盐，其销售区域也是有限制的，称为行盐地界或引地。因此，运商需明确承包的地区，经政府批准后，该地区就会成为其引地，即官定的销盐区域。在实际情况当中，资本实力十分重要。资本较少的运商之间可以合作，一起承包州县的销盐市场，而资本丰厚的运商则可以同时占领数个州县的销盐市场。

① 侯龙、解洪文、薛军：《晋商发展史话》.北京：中国金融出版社，2018：99—100页。

二、河东盐法制度

明清时期，河东盐法政策和制度的演变过程十分复杂。明代前期盐产量有限，盐政制度粗略浅易，强制性较弱，因此跨区域销售现象层出不穷；正德以后盐产量过剩，销盐市场瓜分激烈，此时完善行盐区域的划分必不可少。明初实行户口食盐法，即按户口名册支盐，计口卖盐，防止私盐流通，是一种官运官销的官卖配销制度。但因多数州县距盐运司路途遥远、食盐搬运困难、官员懒政敷衍，各州县逐渐不再支盐，百姓得盐十分困难。直至成化十七年（1481 年），户口食盐法不再是食盐配销制度，而已经演变成为地方的赋税制度，官员从中牟取私利，百姓苦不堪言。自此，百姓只能跨界在各路盐商处购盐，官卖制逐渐消退，商运商销日益发展起来。终于在明后期，商卖制取代了官卖制。

清顺治六年（1649 年），面对战乱所导致的河东盐业凋敝的情况，为恢复池盐经营，政府实施畦归商种政策。据《河东盐法备览》记载："顺治六年，畦归商人自行浇晒，不用盐丁捞采。"[①] 即将晒盐的畦地租给盐商，按锭分畦征收畦课。盐商向盐务部门缴纳盐课，领取引票运盐销售。自此，河东池盐的产、运、销均由盐商负责，盐区采用官督商销的运营方式。这一变革有利于恢复池盐的生产运销，提高盐商积极性。康熙二十七年（1688 年），河东盐政又一次变革，即生产与运销的分化。此后，畦归坐商，引归运商，直至雍正五年（1727 年），真正实行官商专卖制，盐货供应全部由官设解盐运商承包。这样盐商各司其职，避免了相互的冲突，也有利于生产技术的改进和池盐的发展。

① （清）蒋兆奎：《河东盐法备览》卷五《坐商》。

清初的盐政实行盐引制，在销售上执行严格的引岸制度，政府对盐业的管制极其严苛。乾隆中叶后，河东盐池连续遭遇大雨天灾，“客水漫池，夹带泥沙，黑河为黄土所掩，盐气不能上蒸”[①]，导致河东盐池产量下降。乾隆五十七年（1792年），课归地丁政策实施，即河东盐课摊入地丁中征收。这一制度暂时扭转了河东盐区困局，但是却导致河东盐价下跌，商民自由贩运，给其他盐区的食盐销售带来威胁。最终至嘉庆十一年（1806年）废除该政策，又回归引岸制度。

① （清）蒋兆奎：《河东盐法备览》卷一《盐池》。

第三节

河东盐商及其影响

一、明清河东盐商的活动情况

（一）明清河东盐商的商业活动

明代实行开中制，鼓励商人输送米粮等至边塞以换取盐引，加之“长城九边”中，有山西境内的大同、太原两镇，同时平阳（今临汾）、蒲州（今永济）、解州等地也被作为粮食储备的纵深防御要地，如此地理优势使得晋南商人最早通过这一政策获利，而来自泽潞一带（今晋城、长治一带）的商人则依靠家乡盛产的铁换取食盐。“……河东盐不费煎熬，往年泽州人每以铁一百斤，至曲沃县易盐二百斤，以此陕西铁价稍贱，因添设巡盐御史，私盐不行，熟铁愈贵，乞以盐课五十万引，中铁五百万斤，俱于安邑县上纳，运至藩库收贮支销。诏从之。”[①] 这段资料说明，明代在泽州和晋南各县之间，已有大量以铁换盐的私下贸易，并最终迫使朝廷将铁也纳入开中制。泽潞商人贩盐所获利润又可买入粮食、铁参与开中，以此形成财富累积的循环，为日后泽潞商帮的形成打下了坚实基础，时人感叹：“平阳、泽、潞，豪商大贾甲天下，非数十万不称富。”[②]

① （清）嵇璜：《续文献通考》卷二十《征榷考》。

② （清）顾炎武：《肇域志存》卷二十六《山西五》。

除经营河东池盐外，河东盐商也曾依托开中制获取盐引，以便跨区域经营盐业。如陕西延绥镇“往时召集山西商人，乐认淮浙二盐，输粮于各堡仓，给引前去江南投司领盐发卖。盐法疏通，边商获利”[①]。山西商人群体由此不断壮大，进而形成商人集团。山西商人还利用山西西侧“太行八陉”中的滏口陉和井陉进入长芦盐区扩大贸易，长芦盐区的武安贺进镇至今仍留存着富有山西太谷特色的十字街，而河北井陉上的大梁江村、于家村、南横口村、天长镇等地也多有晋商留下的痕迹。

明末的战乱使得河东盐业凋敝，许多盐商与盐丁逃离，为恢复池盐生产与税收，顺治年间清政府推行了畦归商种政策，这是将盐业生产与运销完全交由商人组织，政府仅参与税收与盐池维护的宽松政策，但这种政策使得河东盐商难以兼顾产销，随着时间推移，盐商逐渐不再亲自远销池盐，而是将盐卖与土贩行销，于是之后在康熙二十七年（1688 年），“坐”“运”分离的政策得以出台。在这一时期，坐商基本由运城附近的地主富豪承充，例如运城范家在盐池势力庞大，绛县槐泉村王氏也曾在盐池办有盐号；而运商大多来自介休、太谷、洪洞等与运城有一定距离的地区，其在贩运池盐时，也兼及其他贸易。

（二）明清河东盐商的信仰活动

运城盐池神庙与各盐区里留存的关帝庙，是明清时期山陕盐商活跃一时的印迹，其来源于山陕盐商对盐池神和关帝的崇拜，这在山陕盐商的大本营河东盐区自然体现得最为充分。

① （明）陈子龙、徐孚远、宋征璧：《明经世文编》卷四十七，涂宗浚《边盐壅滞疏》。

1. 盐池神崇拜

在未了解河东池盐的形成原理之时，古人很自然地将池盐视作神的恩赐，因此盐池一带很早就出现了盐宗崇拜，《河东盐法备览》记载："昔宿沙氏煮海为盐，故海盐即以宿沙氏为神，河东盐，盐池也，初称神曰盐宗，闾阎祷之，未崇祀典。"[①]说明河东盐区的盐宗类似沿海地区的盐宗宿沙氏，对其崇拜流传于百姓之间，但起初官方并没有将盐宗封神正式祭祀。《增修河东盐法备览》记载："……（池神庙）旧称神曰盐宗，而不详其所自昉，唐以前未崇祀典，至大历丁巳秋，池中红盐自生，度支韩滉请加神号，诏锡池名曰宝应灵庆，始置祠焉。"[②]这一段话讲述了唐代大历丁巳年（777 年）秋盐池产出红盐，被认为是吉兆，进而获封的事件，从这时起，盐池被正式神格化，不再是神物或是神迹，而是作为神祇本身受到崇拜。

此后盐池神又多次获封：宋崇宁年间，东西两池分别获封，东池获封资保公，西池获封惠康公，大观二年（1108 年），盐池甚至晋爵为王；元代盐池封号更加杂乱，直到明代洪武年间，盐池神才获得正号为"盐池之神"；万历十七年（1589 年），盐池神获庙号灵佑，万历十九年（1591 年）御史蒋春芳大修池神庙，将东西两池合祀，并将中条山神与风洞神配祀两旁，盐池神崇拜最终定型（图 1-7、1-8、1-9）。

盐池神崇拜不同于沿海地区的盐宗崇拜与盐母崇拜，盐宗与盐母都是以发现或者生产盐的人物升格为神的形象，而盐池神则是将盐池本身升格成神。在漫长的历史时期里，从官方到民间长久而热烈的盐池神崇拜，体现了河东盐池对于当地民生与经济的极大重要性。

---

① （清）蒋兆奎：《河东盐法备览》卷一《盐池》。

② （清）江人镜、张元鼎等：《增修河东盐法备览》卷八《艺文》，但明伦《重修盐池神庙殿庑碑记》。

图 1-7　运城盐池神庙三大殿

图 1-8　运城盐池神庙

图 1-9　运城盐池神庙背后的白色盐湖

2. 关帝崇拜

除了抽象的盐池神外，山陕盐商也信奉关帝。山西运城是武圣关羽的故乡，关羽在同刘备、张飞举兵起事前从事的是贩盐行当，而且贩卖的是运城的池盐，主要运给各地皇族食用。于是后世山陕盐商将关羽和盐池联系在一起，再加上关羽讲义气、武艺高强的特点，便成了盐业商人信奉的神。著名元代戏曲《关云长大破蚩尤》演绎的故事就是关羽大战阻碍盐业生产的蚩尤神。

隋代的山陕盐商在运城集资修建了一所关帝庙，被称为“武庙之祖”。在明清时期河东池盐行销线路上的各个聚落里，山陕盐商们不断筹建关帝庙，作为他们的聚集地与活动场所，可见关帝在山陕盐商群体中的受欢迎程度。

二、明清河东盐商活动对沿线地区的多元影响

（一）“运学”的诞生与发展

“天下运司五，惟河东设有专学”[①]，河东盐商活动的活跃与兴盛，促使了全国独一无二的盐务专学“运学”的诞生。元大德三年（1299 年），盐运使奥屯茂创建运学。运学并非专门培养盐务人员的学校，而是专供盐商与盐丁子弟入学的普通学校。明洪武初，运学生员调至解、安二学，运学暂废，但正统己未年（1439 年），在运使韩伟的请求下运学得以复办，且办学规模日益宏大，有“他郡庙学之冠”[②]之称。此后运学亦多经修缮，藏书甚多，办学质量极好，“河东尊经阁者，运司学宫之阁也。学有书千卷，藏之库”[③]。在当时，对于一个盐运使司学宫而言，有千卷藏书，已是非常可观。

在运学影响下，河东盐商重视教育，并多筹建书院，使得河东一带学风兴盛。除运学外，运城一带还先后兴办了河东书院、正学书院与宏运书院（图 1-10）。虽然时至今日运学与书院先后式微，但运城作为盐务专城，其曾经发达的教育业，也显现了河东盐业在当时的重要性。

① （清）蒋兆奎：《河东盐法备览》卷十《学校》。
② （清）蒋兆奎:《河东盐法备览》卷十二《艺文》,卢拳《新作学庙记》。
③ （清）蒋兆奎：《河东盐法备览》卷十二《艺文》，马理《新建运学尊经阁记》。

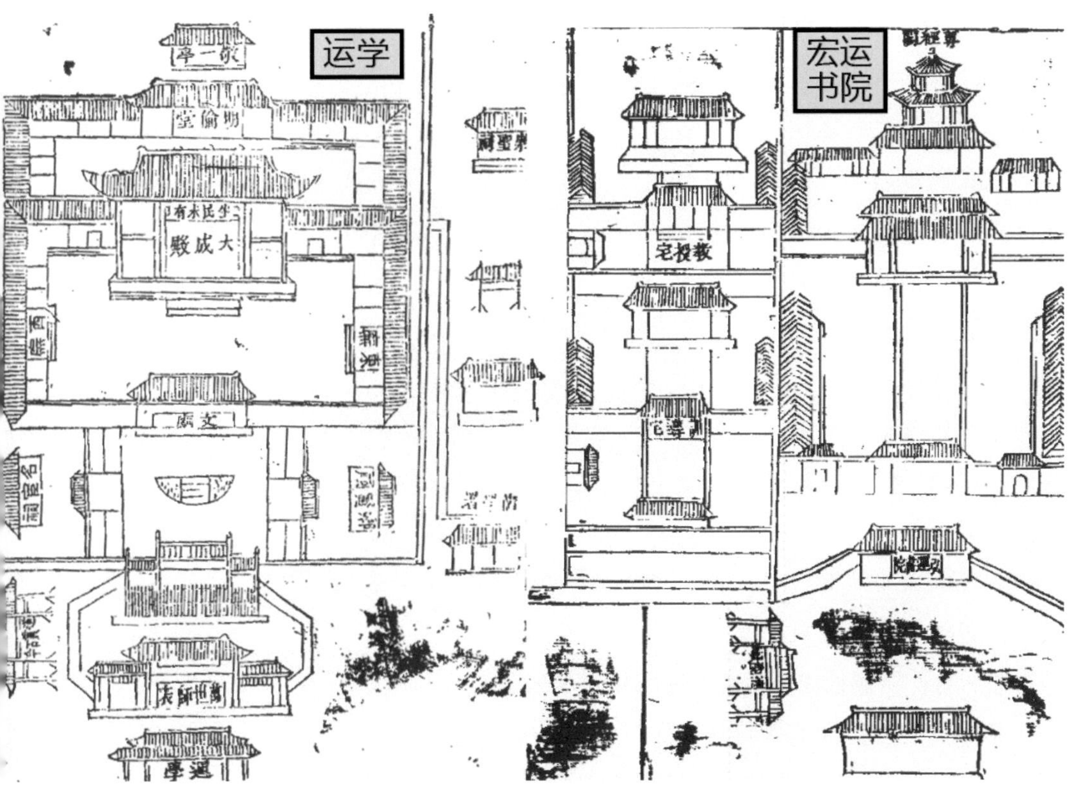

图 1-10 《河东盐法志》记载的运学与宏运书院

（二）对沿线地区聚落发展的影响

明清时期河东盐商奔走于盐道上，对所经聚落必然产生影响，例如连通平阳府与泽州府的泽州—翼城古驿道上的郭峪村，原本只是山间小村，产煤铁而土地贫瘠，在开中制实行之后，村人积极参与盐铁贸易积累财富，也吸引了大量外地人涌入村中，小村落迅速壮大为大型杂姓聚落，之后又修建城墙、豫楼，当地建筑发展出典型的防御性特征（图 1-11）。平陆县茅津村是盐商运盐前往河南途中的重要节点，当地县志记载，茅津地当水陆要冲，晋豫两省通衢，冠盖之络绎，商旅之辐辏，三晋运盐尤为孔道[①]。盐商经过平陆北部的虞坂古道后，在茅津渡将盐装船运往河南三门峡会兴镇，茅津村由于盐商经常来往而繁华一时。

图 1-11　郭峪村的窄巷高墙

山陕一带商人往往是以家族形式进行商业活动，大盐商一般在家乡修有大院，其对当地聚落形态与发展也会产生影响，例如绛县槐泉村王家经营盐业发家后在村中修中宪大夫府，据现村中人称，曾经大半个槐泉村都是王家所有；洪洞杜戍村盐商董家所修的永乐堡，体现了典型的村寨分离的防御性聚落特征（图 1-12）；郏县临沣寨为洪洞盐商朱氏所修，其东门“临沣”寓意解州盐池沣水财源，南门“来薰”则源于运城一带的歌谣《南风歌》，此外寨中还修有关帝庙，其聚落营建思路中可见河东文化的痕迹。

图 1-12　杜戍村盐商修建的寨墙

① （清）言如泗、韩夔典：《平陆县志》。

（三）对沿线地区建筑技艺的影响

河东盐商行走各地时修建的会馆、关帝庙以及宅院都体现着他们对故乡的思念与对故乡文化和建筑技艺的自豪。而盐商带来的本源文化与技术又会与当地的文化技术融合演进，形成不同的特色。

全国各地的山陕会馆与关帝庙格局大多脱胎于解州关帝庙，基本可以看作是解州关帝庙建筑元素的简化与重组，而不同的山陕会馆虽有相同的格局来源，但在具体布局与建筑细部处理上则有所不同（图 1-13）。例如郏县山陕会馆布局比较典型，但柱础却使用了郏县当地所产的红石；社旗山陕会馆、亳州关帝庙以及聊城山陕会馆建筑群中都出现了相似的铁旗杆；丹凤龙驹寨船帮会馆上出现了类似山陕会馆屋檐翘角上常见的“四小人”（有民间说法称四人分别为周瑜、庞涓、韩信、罗成）武士雕像（图 1-14）；另外，川盐区的自贡西秦会馆装饰雕刻精细且题材多为山陕人物，但屋顶飞檐重叠又凸显南方特征。这些都体现了盐商的活动促进了建筑技艺在盐区内部乃至跨盐区的交流与演进。

图 1-13　解州关帝庙翘角武士形象

图 1-14　丹凤船帮会馆“四小人”雕像

第二章

河东盐运分区与盐运古道线路

第一节

河东盐运分区

河东池盐集中在运城一带生产，销往陕、晋、豫三省部分地区，雍正《山西通志》将河东盐的盐运线路按省份分为三部分，又为防止盐商刻意绕路逗留、私贩盗贩，对盐的运输工具、线路与日程都有严格规定，“河东运盐惟陕西有水程，其余皆系陆程……河东旧志将三省州县各序路程，核其道里，定以时日……车户船户牛车每日约三十里，驴骡每日约五十里，船则每日约五十里”[①]。书中的运程部分对具体的运销线路有精确到地点与时间的详细描述。据清代《河东盐法志》所载，河东池盐行销区域具体为山西省晋南和晋东南地区的四十四州县（今长治、临汾等地），陕西省关中与陕南地区的四十三州县（今西安、商洛、铜川、渭南等地），河南省豫西、豫中和豫南部分地区的三十二州县（今南阳、洛阳、平顶山等地）。

除河东池盐的行销区域以外，陕、晋、豫三省内还有多种其他食盐销区：山西省内还有山西土盐区、蒙古盐区；陕西省内还有花马池盐区；河南省内还有长芦盐区、山东盐区和淮盐区。盐区的划分在历史上多有变迁，最终在清代形成了稳定的格局（图 2-1）。

山西土盐区：山西除了运城盐池一带出产池盐以外，其北部还出产土盐，据颜师古注《汉书》记载，“太原郡，秦置。

① （清）觉罗石麟总纂：（雍正）《山西通志》卷四十五《盐法》。

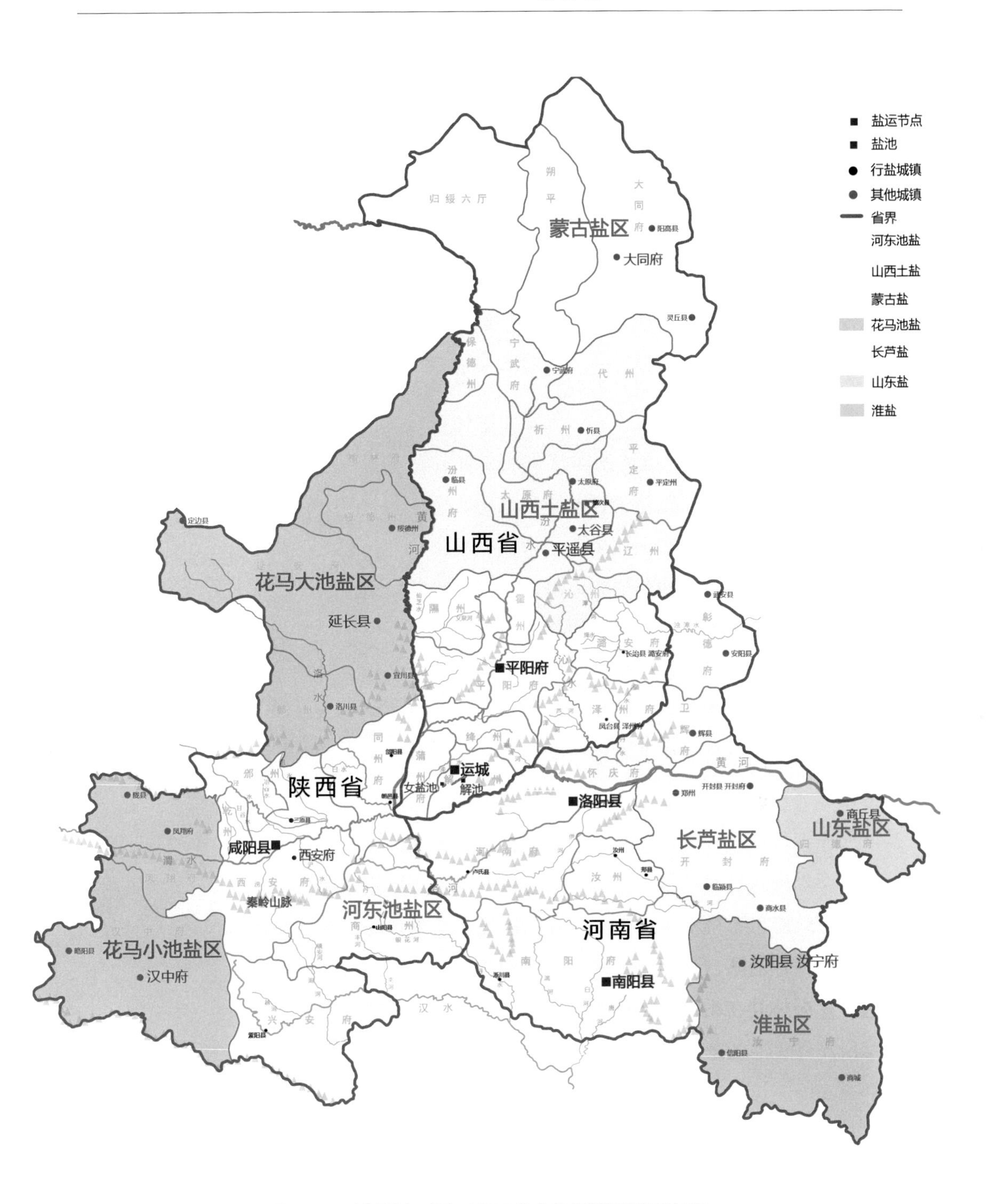

图 2-1　清代陕、晋、豫三省食盐行销区域示意图

有盐官，在晋阳”，“楼烦，有盐官”[①]。晋阳即今太原一带，楼烦即今宁武一带，这都表明山西土盐在汉代即受到国家管理；《新唐书·食货志》记载的“幽州、大同、横野军有盐屯，每屯有丁有兵，岁得盐二千八百斛，下者千五百斛”[②]，则表明了唐代时山西北部军屯生产土盐自给自足的状况。在宋代时土盐生产规模扩大，“鬻碱为盐，向并州永利监岁鬻十二万五千余石，以给本州及忻、代、石、岚、宪、辽、泽、潞、麟府州，威胜、岢岚、火山、平定、宁化、保德军，许商人贩鬻，不得出境”[③]，讲述的即是宋代在官方管控下生产大量土盐，甚至侵占了河东盐销售的泽潞等地。元明两代官方为保证河东盐的销售，都对土盐采取了增税或禁止销售等抑制措施，但运城盐池到山西中部的太、汾、沁、辽等地路途遥远，山路崎岖，贩运困难，使得明代中后期官方又不得不放宽对土盐的政策。至清代，土盐的销区进一步扩大，南至沁州，北至宁武府的山西中部均食当地所产土盐。

蒙古盐区：蒙古盐主要有鄂尔多斯旗盐、苏尼特旗盐、乌珠穆沁旗盐和吉兰泰池盐，其中销往山西最主要的是吉兰泰池盐。河东池盐价高且距晋北遥远，而土盐质量参差不齐，因此蒙古盐得以侵入晋北地区，私盐贩卖现象严重，在河东盐产量低欠时，政府也不得不引入蒙古盐接济民生。“蒙古盐向归藩部经理。其行销陕、甘者，以阿拉善旗吉兰泰池盐为大宗，俗谓之红盐……其在山西者，亦红盐最多。”[④]此描述的即是吉兰泰所产红色池盐合法销往山西的现象。蒙古盐与河东盐存在

① （汉）班固撰，（唐）颜师古注：《汉书》卷二十八《地理志》。
② （宋）宋祁、欧阳修等：《新唐书》卷五十四《食货志》。
③ （元）脱脱、阿鲁图等：《宋史》卷一八三《食货志》。
④ 赵尔巽主编：《清史稿》卷一二三《食货志》。

竞争关系，若放任其顺黄河水运至内地，必将影响河东等盐区的盐政稳定，因此清政府将蒙古盐的销区控制在山西北部，且时准时禁。此外，在陕西北部也有鄂尔多斯旗盐销售。

花马池盐区：花马池原指定边与灵州之间的一系列盐池，后来人们为便于区分与称谓，将众盐池简单分为陕西定边的花马大池和甘肃灵州的花马小池，二者均为多个盐池组成的盐池群。花马大池即定边盐池，产盐历史悠久，汉武帝时期官方便在榆林北部设盐官管理。唐代时定边盐池名乌池，“长庆元年三月，敕乌池每年粜盐收榷博米，以一十五万石为定额”[1]，表明当时乌池已大量产盐；明代开中时期，纳马中盐以及与少数民族进行的盐马交易使得定边一带商业兴盛，而定边盐池也得名花马池；至清代，花马大池有了稳定的销区，包括延安府、汉中府、鄜州以及榆林府和绥德州的部分地区。花马小池最初仅销往凤翔府，后来逐渐侵占了河东盐在兴安府和邠州的销区。

长芦盐区：长芦盐是主要产自河北、天津渤海沿岸的海盐，其运输路径以北河（北运河、蓟运河）、淀河（大清河等）、西河（子牙河、滏阳河）、御河（南运河及卫河）系的水路为主，以陆路为辅。销区覆盖河北、北京、天津、河南等地，其中运往河南的盐主要由御河系承担。盐在天津制成后，装船经南运河、京杭大运河、卫河运至河南地界，之后通过小船或陆运分发各引地。在清代，长芦盐主要行销河南黄河以北的彰德、卫辉、怀庆三府和黄河以南的开封府。

山东盐区：山东是中国海盐的发源地，也是古代北方海盐的重要产区，其盐场大多位于原大清河与小清河河口或沿海，产品分引盐、票盐两部分，依托大小清河、黄河、京杭大运河，以水运为主，陆运为辅，在清代主要行销山东、河南、安徽、

① （宋）王溥：《唐会要》卷八十八。

江苏四省，其中在河南境内仅行销归德府和卫辉府的考城，销区与长芦盐区相接。

淮盐区：淮盐分为淮北盐和淮南盐，共称两淮盐，起源于春秋，发展至明清时期极为兴盛，行销区域涉及江苏、安徽、江西、湖南、湖北、河南六省，在河南行销汝宁府，与河东盐区和山东盐区相接。淮北盐销往河南，首先依托淮河，但河南省内淮河水流量小且泥沙淤积，因此到河南境内主要依托陆运。

明代战乱时期淮盐产量下降，汝宁府曾食河东盐，但淮盐恢复生产后便收回失去的盐区，并有侵入南阳府的迹象。淮盐在明清时期的兴盛还吸引了很多山陕盐商放弃河东盐转而投入淮盐贸易，“扬以流寓入籍者甚多，虽世居扬，而系故籍者亦不少。明中盐法行，山陕之商麇至，三原之梁，山西之阎、李，科第历二百余年。至于河津兰州之刘，襄陵之乔、高……兼籍故土，实皆居扬”[①]。此则描述了大量山陕商人迁居淮扬的事实。

明清时期，河东池盐与其他盐共享陕、晋、豫三省食盐市场，相互竞争，此消彼长，但大体格局稳定。

① （清）王逢源修，李保泰纂：《江都县续志》卷一二。

第二节

河东盐运古道线路

一、山西省盐道

河东池盐在山西省销往晋南和晋东南地区，晋南地区盐道主要为古代山西大驿及其周边支路，晋东南地区盐道主要为从大驿分出的两条通往泽州府（今山西晋城）、潞安府（今山西长治）的较长驿道及其周边部分支路（图 2-2、图 2-3）。

1. 山西大驿部分

山西大驿自井陉始，经平定到太原，再经平遥、灵石、临汾到侯马、闻喜，之后经猗氏到永济，河东盐道主要利用了其闻喜到灵石的一段。池盐在运城掣验装车后，经陶村、水头镇到闻喜，小部分池盐从闻喜运往绛州（县）等地，大部分则运上山西大驿，此后沿着汾水走向一路北上，经侯马到临汾。临汾是河东池盐一大集散地，在此部分池盐继续北运，经赵城、霍州，最终运往灵石；另一部分则经化乐镇、蒲县运往隰州等地（图 2-4）。

山西大驿南端的永济、猗氏、临晋等地也食河东盐，但这些地区因距运城较近，盐运不需要经过山西大驿，可直接从运城运往。此外，还有一条支路从猗氏经稷山运往吉州等地（图 2-4）。

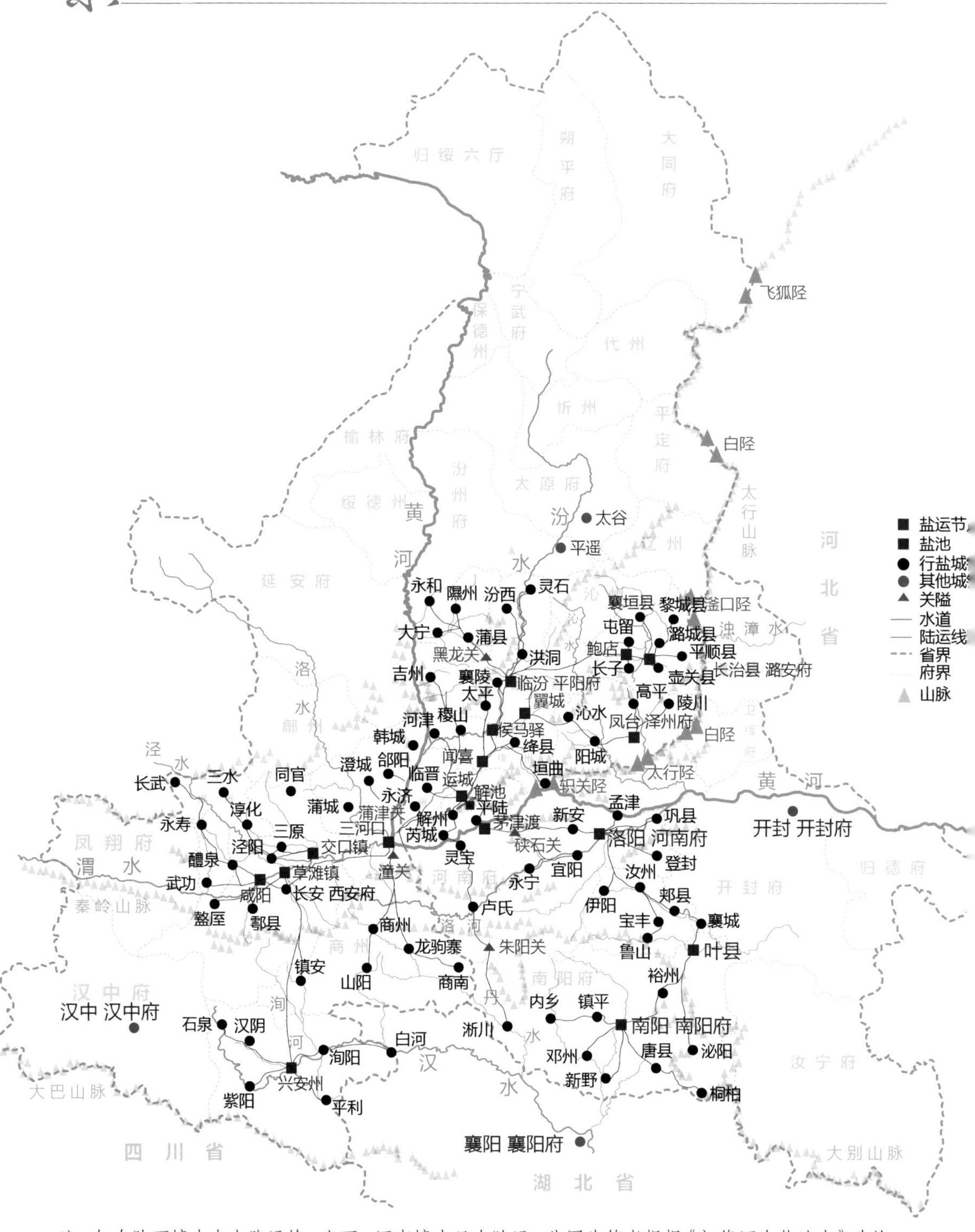

注：仅在陕西境内有水路运输，山西、河南境内只有陆运。此图为笔者根据《初修河东盐法志》改绘。

图 2-2　清代河东池盐运输线路图

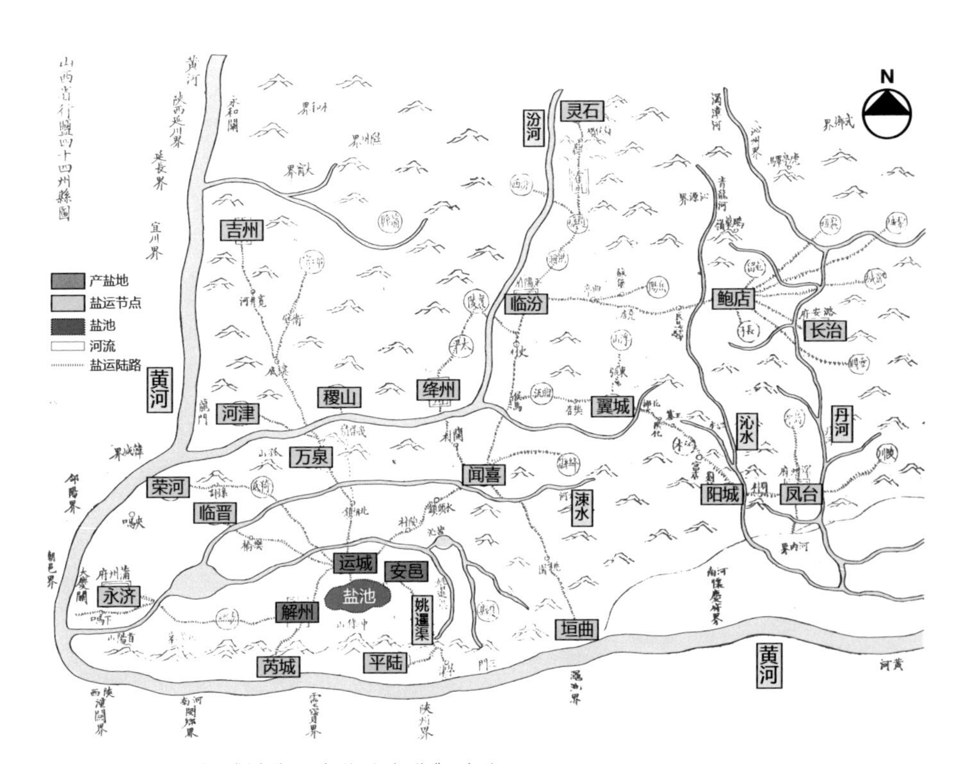

注：此图为笔者根据《增修河东盐法备览》改绘。

图 2-3 河东池盐山西省行盐图

图 2-4　山西大驿与河东盐道

2. 泽潞部分

泽潞部分盐道是从大驿分出的两条较长支路，运往泽州一带的池盐从侯马东行，经翼城、沁水、阳城到泽州府，再分发周边的高平、陵川等地；运往潞安府一带的池盐从临汾东行，经鲍店镇到潞安府，再分发周边的潞城、黎城、壶关等地（图 2-5）。

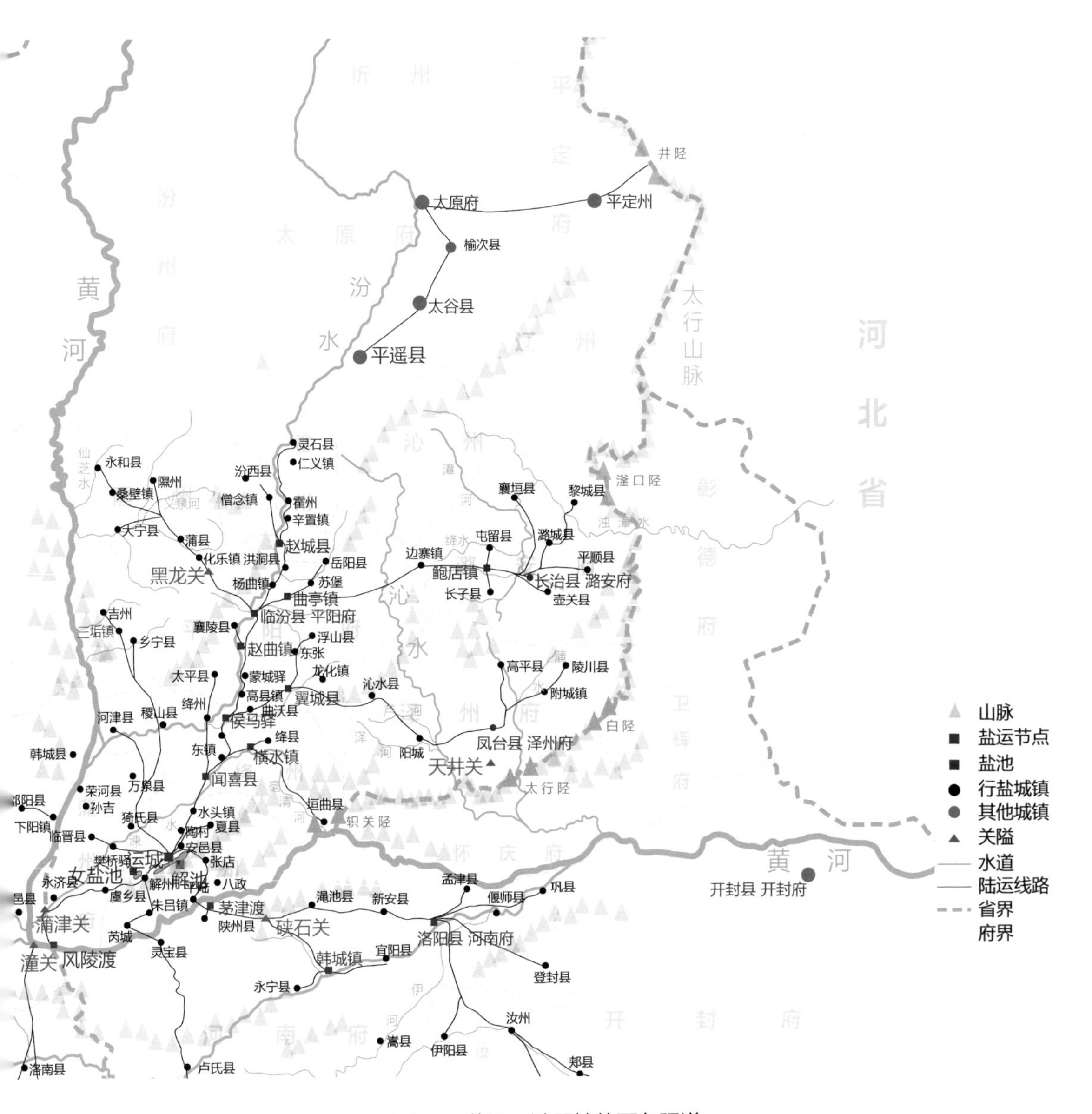

图 2-5 通往泽、潞两地的两条驿道

二、陕西省盐道

河东池盐在陕西省主要销往关中与陕南地方，运输方式兼有水运陆运，因此较为复杂。池盐从运城出发，先运往永济下马口或是临晋黄龙镇（今属临猗）装载上船，之后过黄河，根据不同的目的地有多个起岸点，包括潼关、三河口、交口镇、零口、咸阳、草滩镇等地以及临晋对岸的同州（今陕西大荔）多处（图2-6）。盐运线路根据运输特征与方位分为以下三部分。

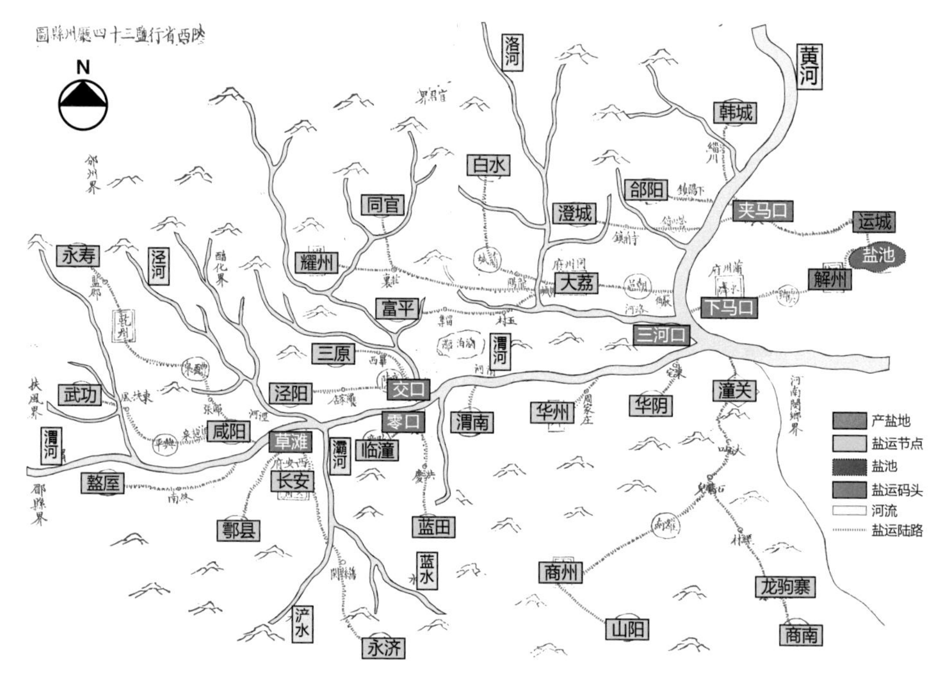

注：此图为笔者根据《增修河东盐法备览》改绘。

图 2-6　河东池盐陕西省行盐图

1. 渭水、泾水部分

该部分的特征是池盐运过黄河后继续走水路，进入渭水，沿途运往华州、渭南、临潼，进而运往关中腹地，主要的起岸点有交口镇、草滩镇、咸阳等地。在交口起岸的池盐沿着泾水走陆路，运往高陵、三原、淳化、三水、泾阳等地；

在草滩镇起岸的部分池盐就近运往长安（西安）和其附近的鄠县（今西安鄠邑区）；在咸阳起岸的池盐则进一步沿渭水向西陆运至兴平、盩厔（今周至）、武功，或是沿着甘谷水、泾水向北陆运至醴泉（今礼泉）、乾州、永寿、邠州（今彬州）、长武等地（图 2-7）。

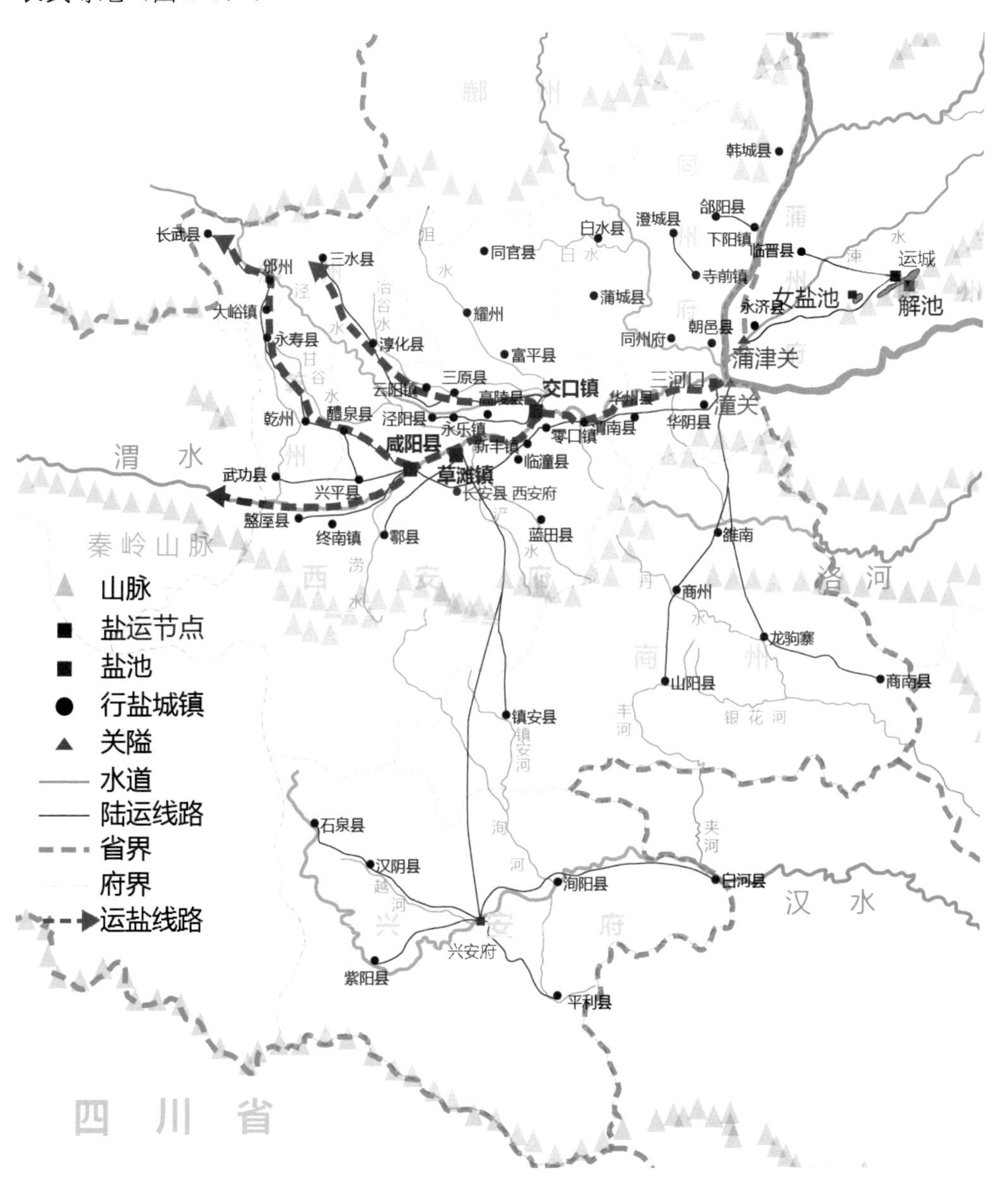

图 2-7　泾渭部分盐运线路图

2. 黄河西岸同州府一带

同州府东靠黄河，与永济、临晋相望，因此发往此地的池盐过黄河后即起岸，起岸点在朝邑县（今大荔县朝邑镇）、下阳镇（今合阳县域）、寺前镇等地均有分布。在下阳起岸的池盐就近运往郃阳（今作合阳），在营田镇起岸的池盐经寺前镇运往澄城，在缁川起岸的向北运往韩城，在朝邑一带起岸的会西运至同州、蒲城、白水、同官、富平、耀州等地（图 2-8）。

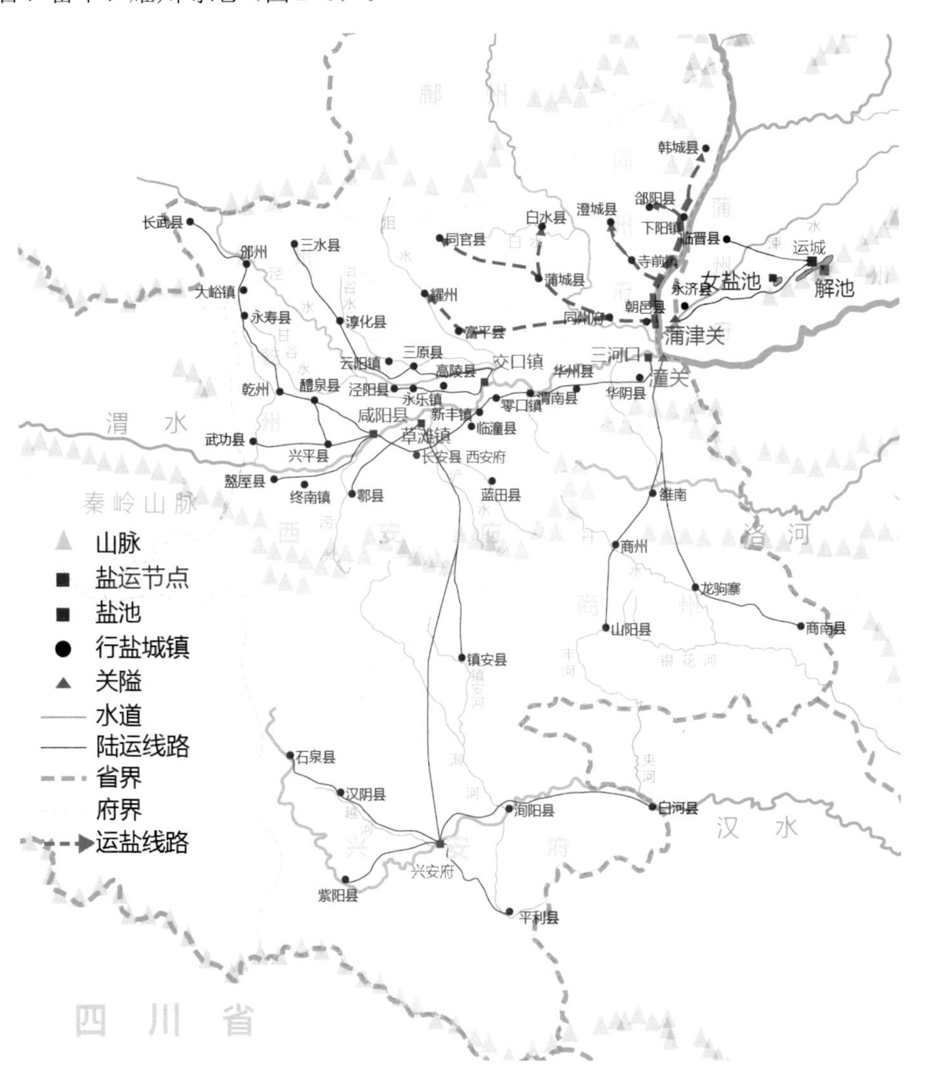

图 2-8　同州府一带盐运线路图

3. 丹水、汉水部分

发往汉水一带的池盐首先船运至草滩镇起岸，之后陆运南行，到达集散点兴安府（今陕西安康），再分发周边的洵阳（今作旬阳）、白河、汉阴、石泉、紫阳、平利等地；发往丹水一带的池盐过黄河后在潼关即起岸，之后南行，一部分到雒南（今作洛南）、商州之后运往山阳，另一部分南行至丹水后走商於古道，至龙驹寨，最终运往商南（图 2-9）。

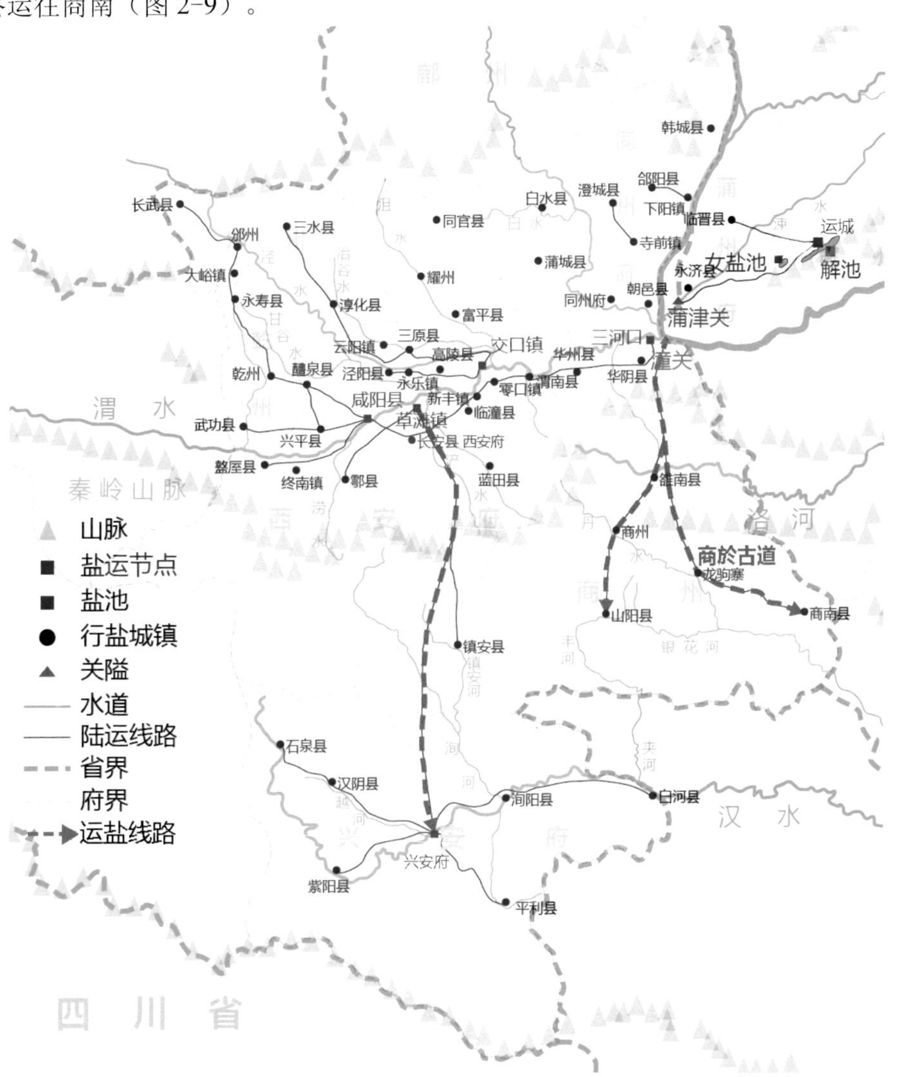

图 2-9　汉水、丹水一带盐运线路图

三、河南省盐道

河东池盐在河南省主要销往豫西、豫中和豫南部分地区，盐道根据渡黄河位置的不同分为两条主要线路，一条从芮城陌底渡过黄河，之后走卢灵古道；一条从平陆茅津渡过黄河，走崤函古道和宛洛古道（图 2–10）。

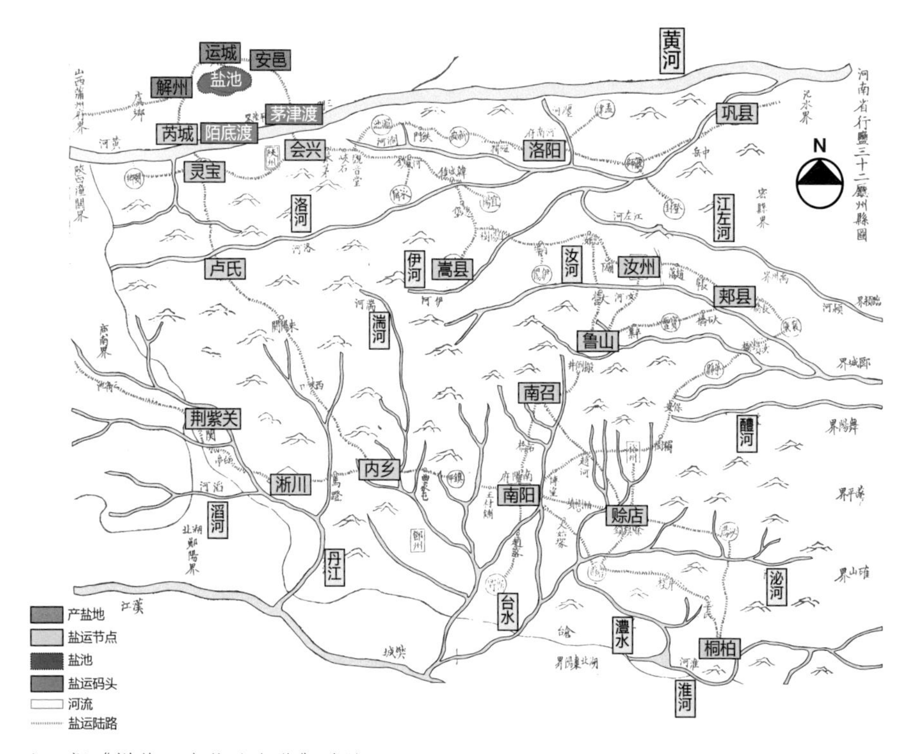

注：据《增修河东盐法备览》改绘。

图 2–10　河东池盐河南省行盐图

1. 卢灵古道部分

卢灵古道是古代卢氏与灵宝之间直接翻越崤山的山道，这段古道向南可延伸至南阳。一部分池盐从运城运出后经解州到芮城，在陌底渡过黄河到达灵宝，之后沿着卢灵古道南行，过朱阳关，之后不再沿古道而行，而是南下直接运到淅川（图2-11）。

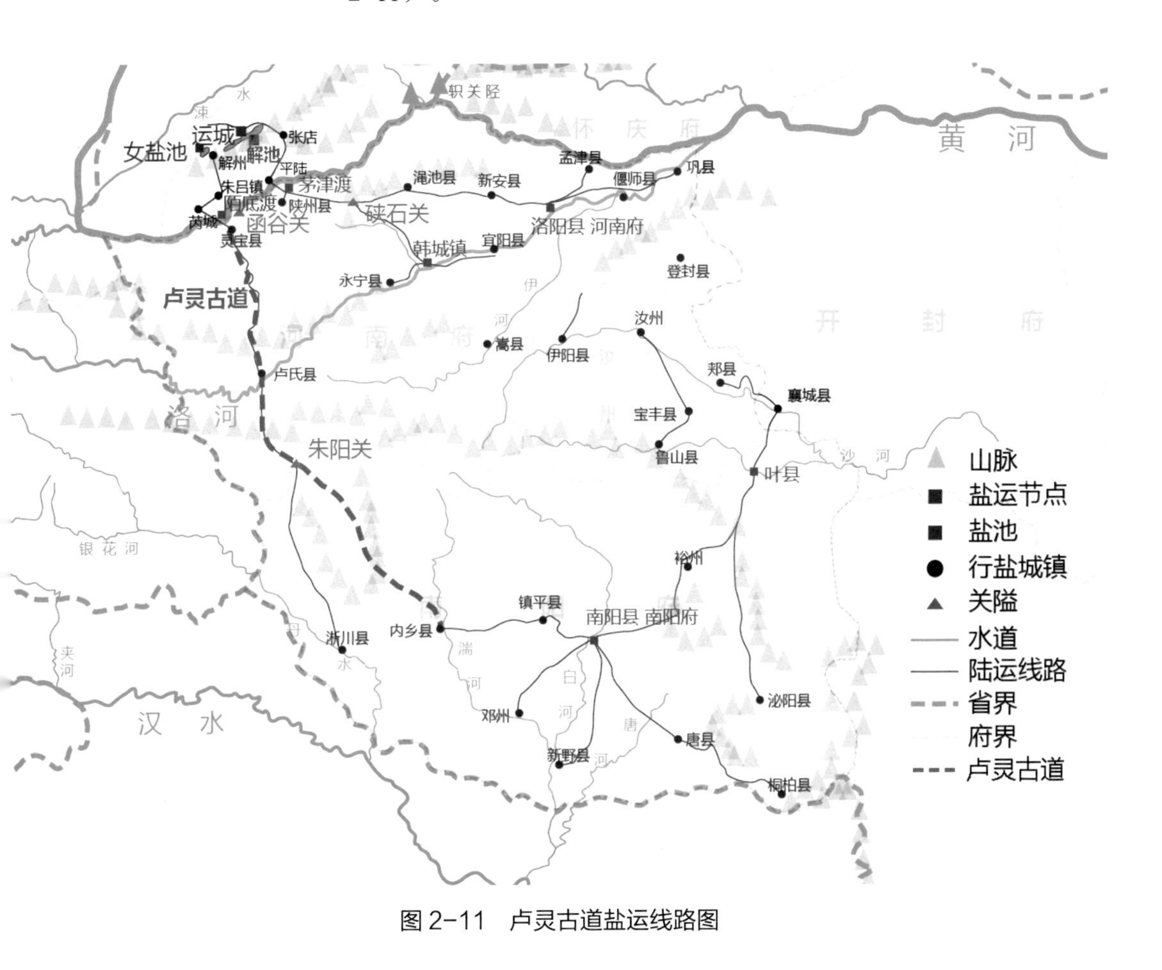

图 2-11　卢灵古道盐运线路图

2. 崤函—宛洛古道部分

崤函古道是古代连通陕西与河南的要道，其起于函谷关，经陕州，过硖石关，东行直到洛阳；宛洛古道与南阳和襄阳之间的襄宛古道相连，是古代沟通古都洛阳与荆、襄、鄂等地的重要通道。宛洛古道从洛阳出发，经伊川、汝州、宝丰到南阳，其中宝丰到南阳分两条线路，一条经平顶山、叶县、裕州（今河南方城）到南阳，其路宽阔平坦但路程较长；另一条经过鲁山、南召到达南阳，路途较短但窄小奇险，又称三鸭（垭）路。

该部分所运销的池盐从运城发出后经平陆虞坂古道至茅津渡，过黄河到陕州，走上崤函古道，经硖石关、渑池、新安等地到洛阳，在硖石关有部分池盐分运韩城镇、宜阳、永宁等地，在洛阳又有部分分发孟津、偃师、巩县（今巩义市）等地，之后大部分池盐沿宛洛古道南运，行销途中经过汝州、郏县、襄城、宝丰、叶县、鲁山、裕州等地，最后到达南阳，并分销南阳周边的邓州、内乡、新野、唐县等地（图 2-12）。

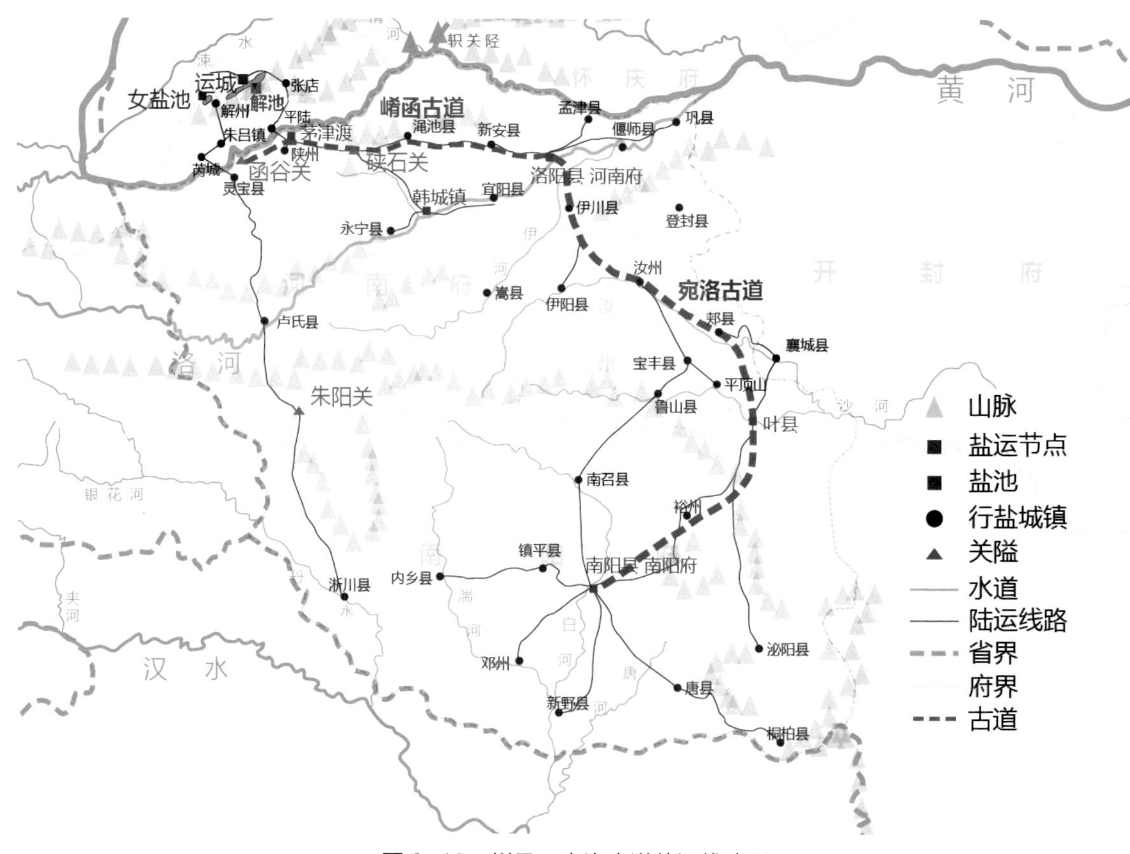

图 2-12 崤函—宛洛古道盐运线路图

第三章

河东盐运古道上的聚落

第一节

产盐聚落——运城

河东池盐生产的最大特征即集中性，自河东盐池被开发起，池盐的生产便集中在东池一带。生产方式简便、产量大使得河东盐池在不同历史时期均受到官方的重视，集中的产地也使得河东池盐的生产便于管理，历朝历代设立的池盐管理机构基本也集中在运城附近，这些要素共同促使运城成为盐务专城。

一、运城的形成与格局变迁

虽然河东池盐自周代就被取用，且在春秋战国时期人们即意识到了于盐池一带建城的可能性：“晋人谋去故绛，诸大夫皆曰：‘必居郇瑕氏之地，沃饶而近盐，国利君乐，不可失也。’”[①]但直到元代运城方始建城并形成规模。“运城，一名路村，近郇瑕故地，历代以来皆属安邑，因运司驻扎，故曰运城。元时姚行简建议修池掌榷，始立司于路村；延祐间，更名圣惠镇；至正二十九年，始建城，徙陕西都转盐运使司以居之，隶晋宁路；明隶平阳府解州安邑县；国朝因之，雍正二年，州改直隶，运城属解州安邑县。”[②]这段话简要描述了运城由路村（又称潞村）发展为圣惠镇，并最终建立城市的过程。《河东盐法备览》记载的“地效灵，天挺秀，爰有育宝之

① （春秋）左丘明：《左传·成公·成公六年》。
② （清）陈克铉、言如泗：《解州安邑县运城志》卷一《沿革》。

区；前创始，后增修，斯有凤城之建。运城非盐池不立，盐池非运治莫统也”[①]，也阐述了运城的建立发展和池盐不可分割的关系。

运城在古代的发展大体可分为三个历史时期，即元末以前的村镇时期，元末至明初的建城时期和明清两代的完善时期。

（一）村镇时期

运城之地在春秋时期属晋，名苦城，也称盐邑；春秋时期盐湖一带的族群曰盐氏；至汉朝时朝廷在河东即运城所在设盐官，名司盐都尉，并建司盐城，唐代《括地志》对此曾有记载：“盐氏故城，一名司盐城，在蒲州安邑县。”[②]此时虽名为城，但并无城墙，规模仅为村镇；清人顾祖禹在《读史方舆纪要》中曾写下“唐大历中于县（安邑）西南三十里置盐治，因筑城于此”[③]，表明唐代时官方亦有在盐池一带建小城进行管理的行为，此外，唐代还在临近盐池处修建了灵庆祠，即后世池神庙的前身；五代时官方设解州，并将管理盐政的主要官署移置于此，此后的宋代和元代早期均在解州设置盐运使司，池盐因此得名“解盐”，而盐池周边也修建了拦马短墙，取代了唐代时的壕篱；元初太宗八年（1236年），运使姚行简脱离解州，在运城的前身路村建立盐运司，并在至元十二年（1275年）因池盐丰收而重修灵庆祠为池神庙，盐务机构的独立虽促进了池盐的生产与管理，但也使得解州经济衰退，出现“闾井萧条、

① （清）蒋兆奎：《河东盐法备览》卷二《运治》。
② （唐）李泰：《括地志》卷二《蒲州·安邑县》。
③ （清）顾祖禹：《读史方舆纪要》卷四十一《山西三》。

居民鲜少”[①]之状，因此有官员提出应将盐运司移回解州，此后在至元二十年（1283 年），运司驻所重回解州，接着又因盐务管理不便，在至元二十九年（1292 年）复归路村，并在之后稳定，不再变动（图 3-1）。

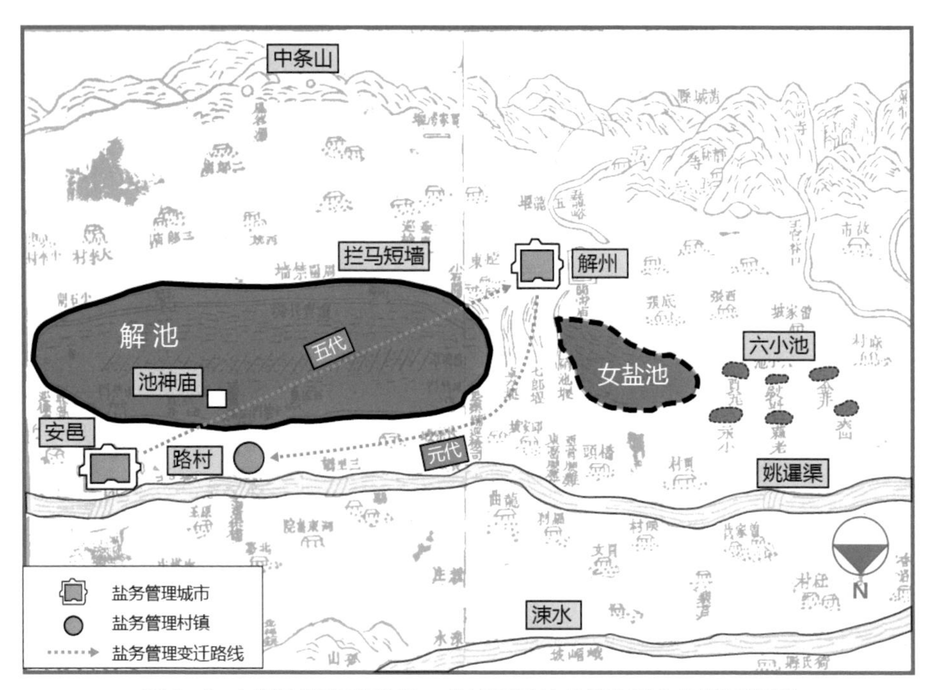

图 3-1　村镇时期河东盐池一带格局及盐务管理机构迁置示意图

在这一漫长的历史时期，虽官方屡屡在运城所处一带设置盐官与管理机构，甚至有小规模建城行为，但始终局限于村镇的规模。这一时期出现的拦马短墙、池神庙、盐运司等日后运城城市空间的重要组成要素，确定了运城城市的选址、特性与布局思路。中条山—盐池—池神庙—运城的轴线构图和解州、运城、安邑三城并立的格局初具雏形，潜在的城市功能与文化

① （清）蒋兆奎：《河东盐法备览》卷十二《艺文》，王利用《复立解州运司碑》。

特性也与河东盐业紧密相关，这些都为之后盐务专城的诞生奠定了基础。

（二）建城时期

在运司驻所稳定后，路村开始逐步扩大规模、完善功能，向盐务专城发展。元大德三年（1299 年），运使奥屯茂创建供盐商和盐夫子弟学习儒学的“运学”。延祐三年（1316 年），“池为雨败，艰于出课。上恤民隐，减免引钞者十之六七。民怀帝德，更村名镇，以纪圣惠”[①]，路村从此改名圣惠镇，并开始了下一步的发展，谯楼、钟楼、馆舍、府库相继建造，虽尚无城墙，但城市公共建筑已大大增加，城市形态逐渐明朗。

盐务机构的稳定与河东盐业的发展带来了安全性需求，至正十六年（1356 年），运使那海德俊主持了城墙的修建，建成城墙后，圣惠镇改称凤凰城；城市因盐务而生，又以盐运司为中心，因此后来又得名运城。此时的城市城墙周长一千七百丈，高二丈，城北有姚暹渠。城内有南北、东西两条主轴，运司官署位于南北轴线相交的中心地带，四方共有五个城门，并配有简单的防御城楼，其中东门名称不可考，西门名货殖，南门名宝泉，北门名常闭，东南门名观音，南门内设有盐池管理机构（图 3-2）。

在这一时期，运城逐渐由村镇发展为城市，在继承早期基本格局的基础上，城市功能的完善主要体现在防御设施的建立与盐业管理机构的入驻上，以上各因素使得城市成为名副其实的“盐务专城”，但服务于一般商民的场所与机构仍有所欠缺。

① （清）苏昌臣：《河东盐政汇纂》卷二《运治》。

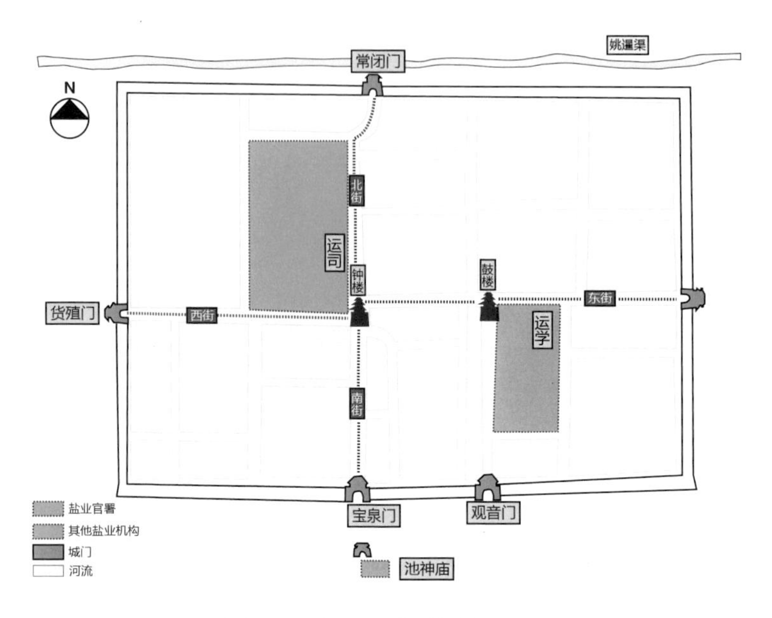

图 3-2 运城建城时期格局示意图

（三）完善时期

运城建城不久，1368 年，元朝灭亡，因此运城的发展完善主要在明清时期进行。明天顺二年（1458 年），运使马显重新修缮了城楼；正德六年（1511 年），“御史胡止为御寇计，增高数尺，改作四门，东曰放晓，西曰留晖，南曰聚宝，北曰迎渠，然犹未加石甓也”[①]，运城自此改为四门格局，但仍是土城墙，未加砖石砌筑；从嘉靖二年（1523 年）开始，多名巡盐御史先后以砖石加固东、西、北、南四方城墙，并修缮四门城楼，在城角增筑望楼。此后一直至清代，城墙常常遭到贼寇破坏，巡盐御史、运使们也相继进行了多次修缮，但运城的城墙与城门格局不再出现大的变化。

① （清）陈克铉、言如泗：《解州安邑县运城志》卷三《城池》。

除了城市防御设施完善，城市内部的官署与民用建筑在明清时期也蓬勃发展，城中公署、坛庙、坊集、仓库、学校一应俱全。据清代《解州安邑县运城志》记载，清代盐政管理机构更加完善，除运司署以外，还有盐政察院、运同署、都司署等，在南门内设中场、东场、西场三大使署。池神庙在这一时期进一步扩大，风神、太阳神、雨神等神祠被加入池神庙中，池神庙地界内出现了一座关帝庙，称池中关圣庙，另一座关帝庙在城内，称城中关圣庙（即今日关王庙）。学校方面，除运学外，还有正德年间由巡盐御史张士隆主持修建的河东书院，嘉靖十三年（1534 年）由巡盐御史余光创办的正学书院，以及天启三年（1623 年）由巡盐御史李日宣创建的宏运书院。城中共有九坊四街，九坊分别名为厚德、和睦、宝泉、货殖、荣恩、贤良、甘泉、永丰、里仁，四街为东西南北四街，供商民交易活动（图 3-3）。

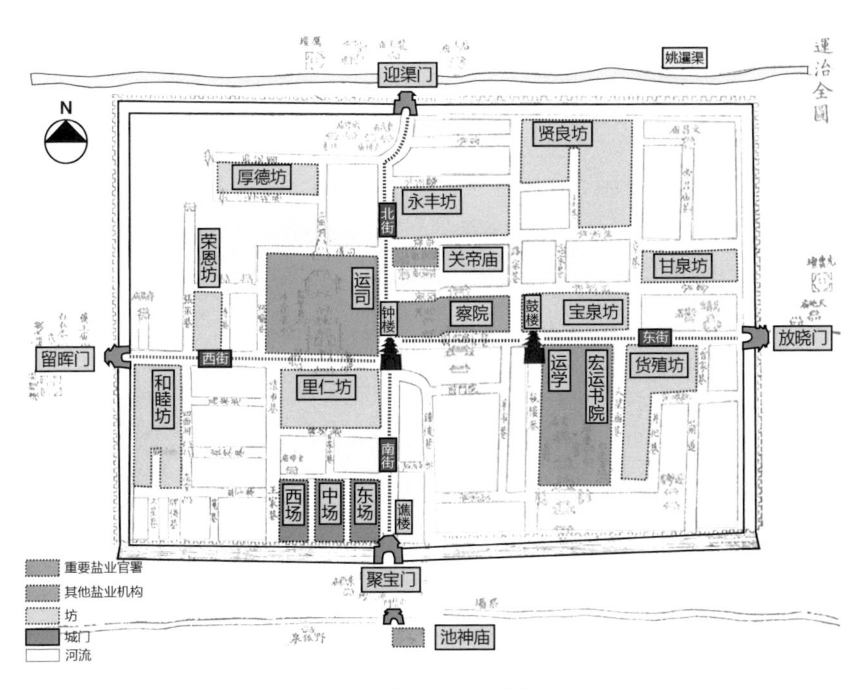

图 3-3 运城完善时期格局示意图

城市继承了元代留下的由南北与东西两条轴线主导的十字形格局，南北轴为主要轴线，城外北方的孤山，城中的聚宝门、谯楼、迎渠门及南门外的池神庙，城南远处的盐池、中条山均坐落在这条轴线上，形成错落有致且气势磅礴的山水格局。城内的运司署仍处于两条轴线相交的核心位置，表明盐务为运城之本。九坊、书院与一些宗教建筑多点散布于城市之内，便于居民生活。

“运城，安邑之路村也，地逼盐池，富商云集，巡盐察院与盐运使均驻节于此，因为财赋重地，甃甃坚城，以严保障；其间商民错处，一切编户、保甲、大小狱讼，悉于安就理焉……其坛壝、学校、官师、武备、坊市、保甲及报祭、宾兴诸典礼规制具备，俨与邑等，非犹是寻常村市乡堡只成聚落而已。”[1]因河东盐运而生的运城从小村镇逐渐发展为功能齐备的城市，并在清代达到了繁荣的巅峰。

运城周边的聚落也受到河东池盐经济的深远影响，为防盐池周边客水进入盐池造成减产，自宋代起盐池周边便筑造起了多处渠堰，在明代民间更有“七十二道堰”之称，弘治年间巡盐御史汤沐在《渠堰志》中也提出“治水即以治盐”的观点。[2]明初，解州、蒲州一带即有负责捞盐、修渠堰的盐户，此后发展为从安邑、夏县、闻喜、平陆、芮城、临晋、猗氏、万泉、荣河、河津及平阳府太平县等地调集民夫修筑渠堰护池，直至清初方止。清代修筑渠堰的工作被安排到渠堰周边的聚落。运城盐池及其周边共同形成的环池渠堰体系不仅将劳动力聚集到盐池一带，也加强了周边聚落和运城的联系，不仅保护了盐池，

① （清）陈克铉、言如泗：《解州安邑县运城志·序》。

② 详见侯娟《“治水即以治盐”：明清山西解州盐池渠堰修筑与村落组织》，《山西档案》2015年第3期，第19—23页。

也促进了河东一带文化中心的诞生。

二、运城与周边盐区产盐聚落的比较

运城盆地稳定的自然状况为聚落的逐步发展提供了条件，得益于此，运城从简单的盐务管理机构所在的村镇逐步发展形成城市，并整合周边的盐池信仰和关帝信仰，形成独特的地域文化。在明清运城的城市格局中，盐运司占据中心位置，中条山、盐池、盐池神庙等其他关键要素均在运城的南北轴线上。盐业在运城的诞生和城市形态形成过程中无疑是最主要的影响因素，而稳定的城市建设和文化积累不仅缔造了盐务专城，也为外出行商的山西商人提供了强大的精神支持。

周边盐区产盐聚落的诞生与发展虽都与盐业相关，但其所受盐业的影响均不及运城般深远，相比于盐业，这些聚落的演变过程更多为多变的自然环境、商业行为和军事行为等因素所影响。

海盐区的传统聚落选址与形态更多受到自然条件约束，其兴衰也与自然环境关系更为密切，例如江苏盐城安丰古镇在演化的过程中选址几经变迁，就是因为多次受到海岸线变更的影响。同时，因为海盐产地的分散性及其产量的不稳定性，其产生统一而持久的文化氛围的能力相对河东池盐产地更小，商业行为对其聚落形态与地域文化形成的影响也更大。

就花马池盐的产盐聚落来说，影响选址与发展的主要因素是军事需求，例如陕西定边五堡均因边境防守需要而生。而花马池盐的地位常常低于河东池盐，多是作为河东池盐的补充，其文化又多受商路文化与边境文化浸染，因此其难以形成如同运城河东盐池一带那样独立的地域文化。

第二节

运盐聚落

运盐聚落是盐文化随着盐运线路传播并对各地建筑文化产生影响的物质表现，本节将分析河东盐运古道上的运盐聚落的分布特征与形态特征，结合具体案例，探寻河东盐业与聚落发展的关系。

一、运盐聚落的分布特征

河东池盐在山西与河南之间的运输除渡黄河外完全依赖陆运，因此这一部分的运盐聚落大多位于传统驿道上。在陕西，河东池盐运道水陆兼有，故位于陕西的运盐聚落也会选址在靠近水陆转运节点的位置。

（一）分布于驿道附近

河东池盐的盐运线路一般都是固定的，且要严格执行，这样不仅便于快速转运，也便于官府对盐运的管控，避免盐商绕路私销。盐商为确保利润往往同时经营其他货物，其往来奔走带来的需求又推动了配套商业的诞生，为其他商品贸易和居间贸易提供了发展的基础，例如沟通古代平阳府和泽州府的泽州—翼城道在明代实行开中制之后成为重要的盐铁商业通道，通道上的聚落如阳城上伏村、泽州周村镇、泽州大阳镇等均依托盐铁贸易而得到蓬勃发展；河南的宛洛古道是古代池盐、茶、麻得以流通的重要商道，汝州半扎村、郏县冢头镇都曾是以该商道为主轴而形成的繁华商业聚落。此外，不直接位于驿道上的聚落也能依托盐运得到发展，例如阳城郭峪村本身产铁，但其并不位于驿道之上，故而难以发展成为传统的商道聚落，但在官方放宽池盐政策后，郭峪村迅速开发盐铁贸易，将物产优势与交通条件联动，逐渐发展为富裕而较大的寨堡聚落；临近山西大驿的洪洞杜戍村、临近宛洛古道的郏县临沣寨都是古代盐商家族的寨堡聚落，这类聚落选在驿道附近，在方便经营盐业的同时，也获得了较好的独立性和安全性。陕西商於古道上的丹凤龙驹寨镇是丹水边的重要商业集镇，也是河东池盐的运盐古镇，关中土盐还曾在此销售，便利的水陆交通，池盐、土盐、瓷器、骡马等多项并行的商业活动，使龙驹寨镇辉煌一时，现仍保留有盐帮、马帮、青器帮、船帮等各行业会馆（图 3-4）。

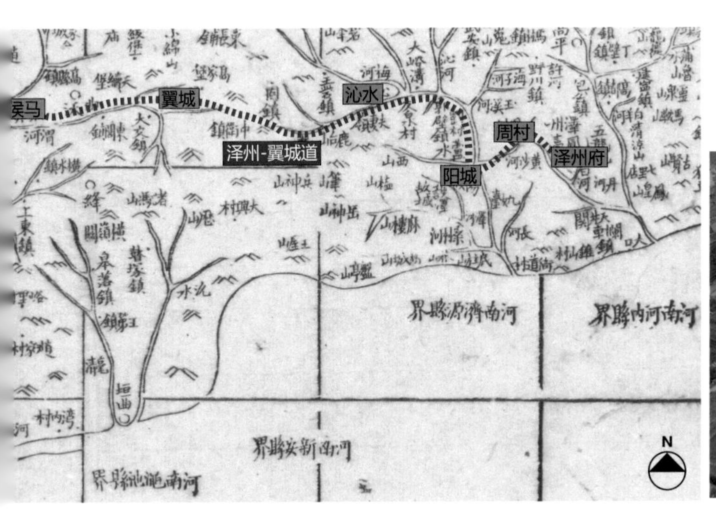

A. 山西南部泽州—翼城道图示

B. 泽州周村镇及穿过其中的古驿道

C.陕西东南部商於古道图示

D.丹凤龙驹寨古驿道和民居

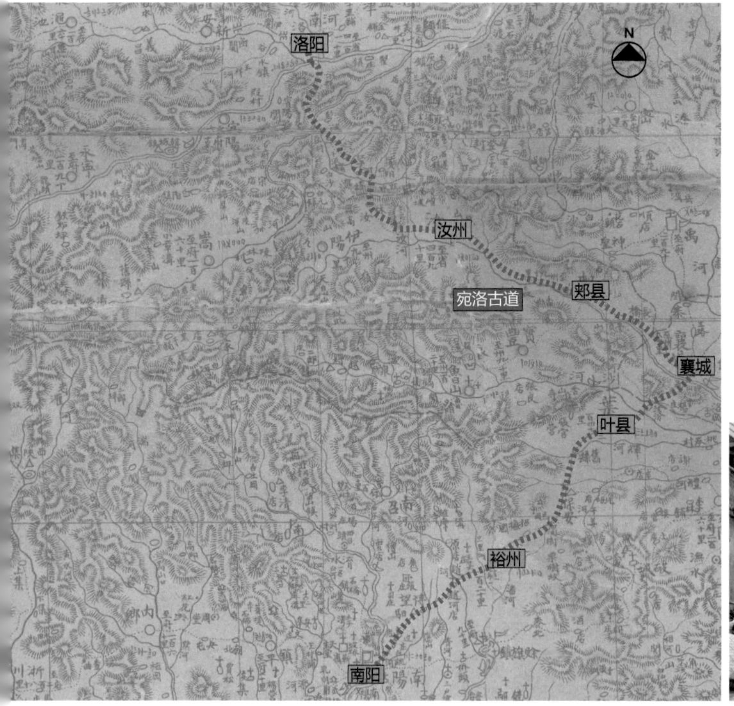

E.河南宛洛古道图示

F.汝州半扎村古驿道和民居

图 3-4　河东盐区典型驿道、聚落示例

（二）分布于水陆转运点附近

河东池盐向河南、陕西转运需要渡黄河，而在陕西的运输又依托渭水及其支流。运输方式的改变使得水陆交通节点成为包括盐商在内的众多商人的中转停留之地，为聚落的形成与商业发展提供了可能。山西平陆茅津渡是池盐从运城出发经过虞坂古道后转为水运渡过黄河前往河南的重要节点，其附近的茅津村也因此发展为古代繁华的商业集镇（图 3-5）；河南南阳赊店镇不仅位于池盐的行销道路上，同时因赵河、潘河在此交汇，四方的茶、瓷器、骡马等各类商品亦在此汇聚集散，赊店镇由此成为古代经济重镇，现今仍留存有古代山陕商人修建的会馆——社旗山陕会馆，会馆北面所靠的正是曾经的盐业街五奎厂街（图 3-6）；陕西山阳县漫川关镇南可从丰河、夹河进入汉水，东可从银花河进入丹江，据《河东盐法志》记载，此地虽处于池盐陆运末端，但因优越的地理条件，古时亦有在此将包括池盐在内的商品用小船运往兴安府一带进行贸易的商人群体（图 3-7）。

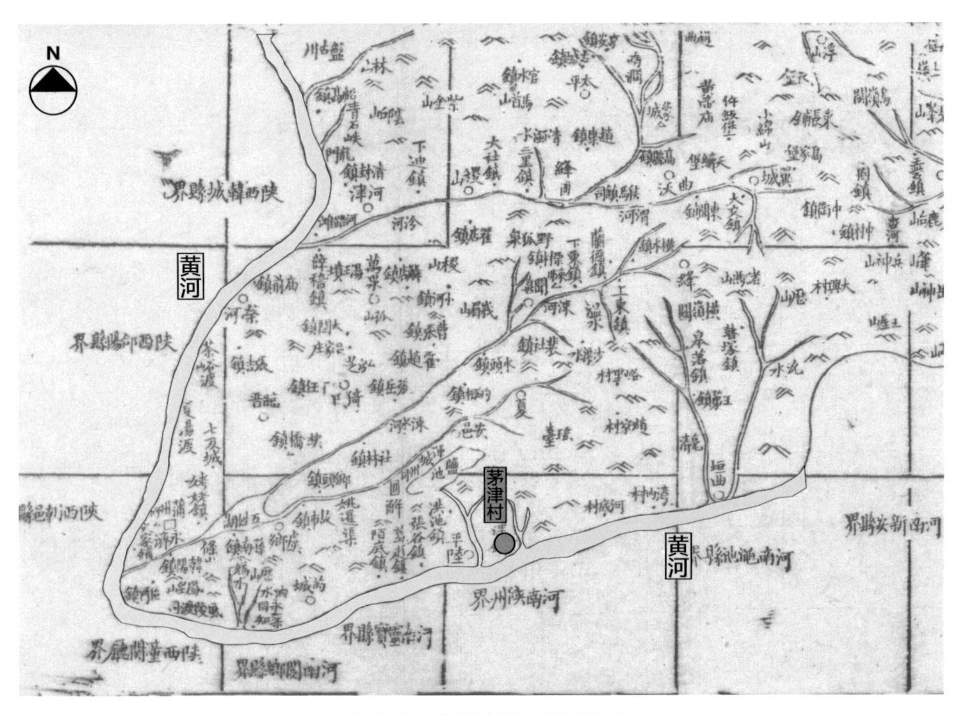

图 3-5　茅津村选址示意图

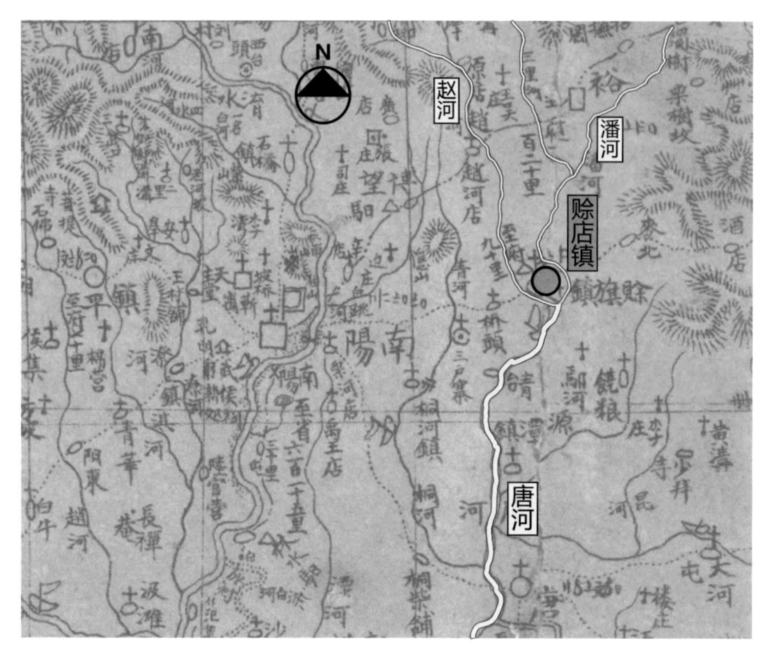

图 3-6 赊店镇选址示意图

图 3-7 漫川关镇选址示意图

二、运盐聚落的形态特征

河东池盐的运盐聚落中形态较为典型的是依托商道而生的线形聚落和相对独立、防御性较强的寨堡聚落。

（一）线形聚落

这类聚落因盐道经过带来的商业活动而诞生与兴盛，因此在聚落形态上表现为以运盐商路为骨架线进行布局，商道是聚落的主街，也是交通的主轴，主要的商业、宗教场所大多在主街两侧。垂直于商道的多条小路发展为巷，巷中多为偏重居住功能的建筑，也有一些巷发展为行业聚集的小型商业街。

山西阳城县上伏村是河东盐区典型的线形运盐聚落（图3-8），村中心有上伏大庙，庙中不仅供奉泽潞地区信仰的汤帝，也供奉运城盐池一带信仰的关帝，泽州—翼城道经过聚落的路段成为古村的主要商业街——三里龙街（图3-9）。龙街以上伏大庙为界分为东街与西街。古时沿龙街曾密布院落，大

图3-8 阳城上伏村民居

图 3-9　上伏村鸟瞰与街景

多院落临街部分为各色商铺，后院为住宅，密布的商铺中还穿插有各地会馆与金龙四大王庙、二郎坊、文昌帝君庙、阎君堂等神庙。垂直于龙街的方向延伸出许家巷、王家胡同、后圪洞等十数条通向住宅区的小巷（图 3-10）。小巷上亦常见过街楼，街巷大多以青砖铺就，两侧建筑与围墙高度多为街道宽度的三倍左右。在三里龙街东西两头各有内外两道券门，其中西头内券设有城楼，这些券门划定了上伏古村的东西向范围。西门外临近沁河有水门关（图 3-11），水门关上刻“庆安澜”，标志着此处是前往沁河的重要节点，水门关外曾有渡口“官津渡”。在南北方向小巷末端古时也设有拱券门，现已毁坏。背倚大山，面向沁水，院落又筑高墙，街巷末端设拱券门，自然与人共同筑成的屏障将古代商业繁华的上伏村有效地保护起来。

典型的商道聚落还有宛洛古道上的汝州半扎村。半扎村北有北小河，南有万泉河，古时亦称半扎万泉寨。明代商业发达，逐渐发展为村，因先有紧贴万泉河而行的古商道后有村，故而

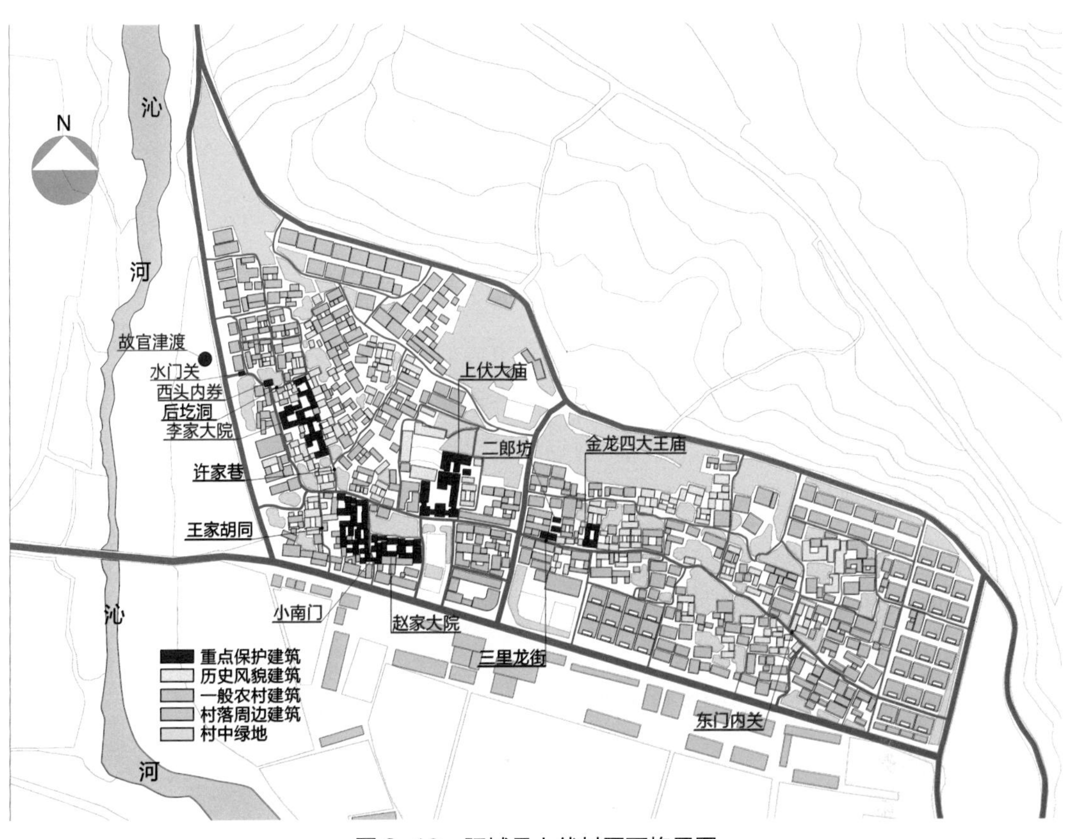

图 3-10 阳城县上伏村平面格局图

图 3-11 上伏村水门关

半扎村在古代沿街只有半边建筑，临街建筑多为前店后宅式四合院，垂直主商业街有众多小巷，巷中多为一般居住建筑。在村东街末处有一座山陕会馆，又称作半扎关帝庙。

（二）寨堡聚落

盐业带来的大量利润使得一些聚落变得富有，这些富有的聚落也理所当然地对其所在地的安全性有着更高的要求，因此，聚落居民们在富商的组织下修筑城墙，加高各房屋单元院墙，最终形成寨堡聚落。这类聚落大多具有厚实的堡墙、相望的角楼和曲折的内部道路，内部建筑也以高墙大院为主，这些元素共同构成了多道防线。

山西洪洞杜戍村是采用村寨分离布局的寨堡聚落，由中心村和围绕它的南坡下村、千家庄、永乐堡组成（图 3-12）。其中永乐堡是洪洞董氏的家族寨堡，董氏原居平阳，于明中叶至洪洞务农，第五世开始在运城经营皮革生意，第六世成为河东盐商。董氏于第四世时从杜戍村迁居永乐堡，并在之后将堡逐渐扩大完善，在危急时期，永乐堡不仅可以保护董氏家族，也可以供中心村的居民避难。永乐堡选址于当地平川的一座土丘上，其周长约 500 米，堡墙高约 10 米，夯土筑成，外包砖墙，墙顶设雉堞，内侧设环路，四角设角楼。堡门设在南侧，进门东侧有路通往相连的四座主院，西侧有储藏兵粮用的大窑。高大的外墙和内院墙、曲折的内部道路、耸立的角楼，共同构建了永乐堡的层级防御体系（图 3-13）。

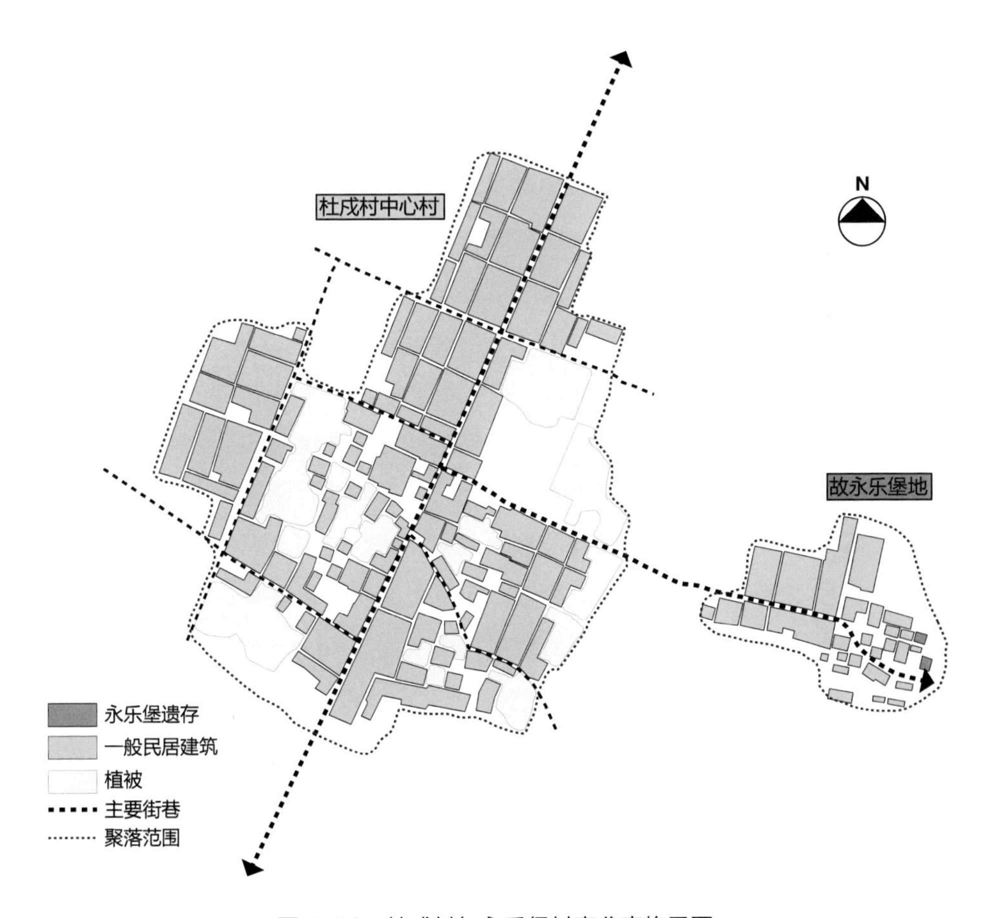

图 3-12 杜戌村与永乐堡村寨分离格局图

A. 永乐堡遗存宅房

B. 永乐堡遗存寨墙

图 3-13 永乐堡遗迹

洪洞盐商除董氏以外，还有定居河南的朱氏兄弟。朱氏兄弟在郏县和运城之间经营竹席和池盐生意，利用积累的财富修建了红石古寨——临沣寨。临沣寨同样选址在高地，筑有高7米左右的外砌石内夯土的寨墙，寨墙顶端有女墙、雉堞，寨墙外临寨河。寨子的东部、西北角、西南角分别设溥滨门、临沣门、来薰门，其中"来薰"一名来自运城一带的歌谣《南风歌》。寨内有南北两条大街作为交通主轴，南北大街之间还有东街、中街、西街和多条小巷，将聚落内的居住建筑分为多个组团，同时增强了聚落的防火性能和单元防卫性能，而朱家的两座主要宅院分别位于南北大街临街位置，总领全局。寨墙内侧设有一圈马道，用以增强聚落的内部防御性。在南大街的西端显眼位置修有一座关帝庙，是聚落内部的祭祀场所（图3-14）。

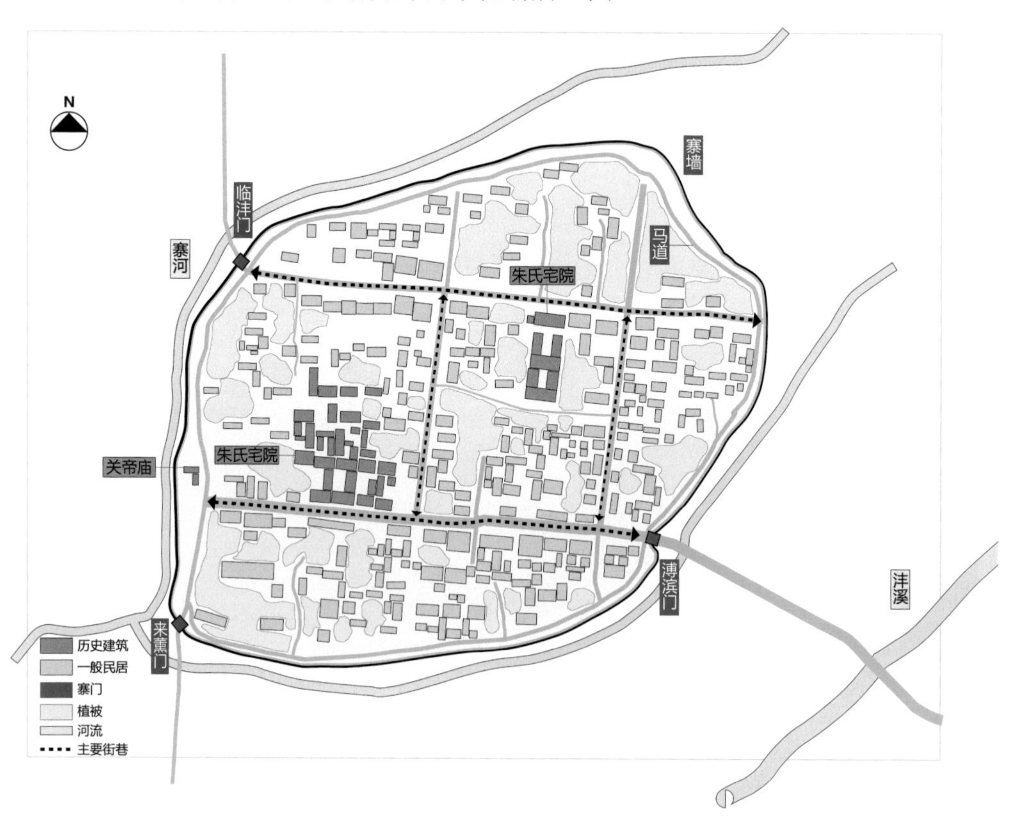

图3-14　临沣寨格局示意图

除上述以血缘宗族关系为纽带构建的聚落外，河东盐区还有规模较大的杂居寨堡聚落，其中以阳城县郭峪村最为典型。郭峪村现今仍较好地保留了古时的格局和层层防御体系，蜂窝城墙、寨门、交织的小巷、“四大八小”形式的居住单元、街巷上的过街楼、村中高耸的豫楼依旧可见。而村中的关帝庙与汤帝庙，正是泽潞地区与运城地区广泛开展经济贸易、文化交流的证据。

三、代表性运盐聚落分析

（一）阳城郭峪村

1. 郭峪村与河东盐业的关系

郭峪村属于阳城县北留镇，位于阳城县东一条南北向山谷中，山谷中有樊溪流过，郭峪村在樊溪以西，樊溪河谷里矿产丰富而土地瘠薄，粮食产量低而盛产煤、铁、石灰等。郭峪村建村最早可追溯至唐代，到明代实行开中制，将盐铁业放归民营，才使得郭峪村极大地发挥出其交通与物产优势，渴望致富的外地人大量涌入这个位于河东盐运要道之上又盛产煤铁的村中，与当地人一起经营盐铁生意与居间贸易，良好的包容性使得郭峪村迅速富裕，发展壮大成为一个比较大的杂姓村。

2. 郭峪村的演变与聚落形态

郭峪村的历史上可追溯到唐代，当时该村仅为郭姓村民聚居的小型村落。樊溪河谷一带虽盛产煤铁，但铁业经营权长期为官方掌控，加之当地土地贫瘠、粮食产量低，因此郭峪村在明代以前居民稀少，村落也未成规模。

明代实行开中制后，盐铁业的利润吸引了大量人口进入郭峪村。彼时，庞杂的外来人口与郭峪村内原有居民居住零散，各家自行选择合适的地带居住。明代长期在今内蒙古与山西交界处派重兵把守，使得地处山西腹地的郭峪村也能免受外敌侵扰，因此郭峪村直至明末仍未设防。

然而到了崇祯末年，战乱爆发，因盐铁之利聚集了大量财富的郭峪村多遭洗劫，村民死伤惨重。因此，崇祯八年（1635年），在乡宦张鹏云与富商王重新的主持下，村民修筑城墙，郭峪村的寨堡格局自此形成（图 3-15）。

图 3-15　郭峪村格局示意图

郭峪村依山势走向与樊溪流向而建，城墙周长约 1400 米，平均高度约 12 米，城墙为蜂窝墙，内侧有三层窑洞，以减少建造的工程量，在面临外敌侵犯时还可作为营房。东、西、北部总共设三座城门，分别名为景阳门、永安门和拱辰门，旧时门上均设有探查敌情的门楼，城墙上还设有六处敌楼。除城门外，东南和西南部设有两处水门供排水防洪用。

郭峪村内道路沿地势而行，曲折错落，以南北向的前街和东西向的上街、下街为交通主轴，其中进入景阳门后面对的上街与下街在清代曾是主要商业街，上街与前街相交处有申明厅，是公共活动的中心。除主街外，村中还有多条互相交织的巷道，因郭峪村为杂姓村，所以小巷多以各种姓氏命名。村中宗族气氛较弱，故而精神活动的中心是神庙而非宗祠，其中最重要的神庙是位于永安门内的汤帝庙。汤帝庙始建于元至正年间（1341—1368 年），供奉泽潞一带传统信奉的主神商汤，建筑占据村中制高点，表明了其在居民精神生活中的至高地位。汤帝庙也供奉关帝，这是运城一带与泽潞一带交流互融的见证。

村中建筑以“四大八小”式四合院为主，“四大”指东西南北四面的三开间房，“八小”指正房、东西厢房与倒座及正房与倒座各自所带的两个耳房。除“四大八小”外，还有由其发展而成的棋盘院、八卦院（图 3-16）。居住单元院墙高筑，墙高度能达到街巷宽度的三倍以上。除居住建筑外，村中还建有一处高达 30 米的豫楼，是郭峪村防御性特征的标志（图 3-17）。豫楼底层为石砌，作储藏空间，并配有磨坊、水井等配套设施，底层以上为砖砌，有收分，上层设有射击用的炮孔和观察敌情用的小窗。豫楼与蜂窝城墙、曲折的街巷、高墙大院的居住单元共同组成了郭峪村的层层防御体系。

图 3-16　郭峪村民居

图 3-17　郭峪村鸟瞰图与豫楼

（二）丹凤龙驹寨镇

1. 龙驹寨镇与河东盐业的关系

龙驹寨镇位于丹凤县凤冠山下，丹水北岸，西可至西安，北可至潼关，东可至南阳，进而南下经襄阳至汉口，因此自古便是重要的水陆码头。明清时期，在汉口、襄阳等地集散的布匹、茶、杂货等溯汉水入丹水，经行龙驹寨并西行或北上运往西安、山西等地；而来自山西的河东池盐与泽潞铁器则经潼关陆运至龙驹寨，与西行的货物进行贸易，并与丹凤所产的漆油、核桃等山货共同水运南下至商南、淅川等地。“北路以潞盐为大宗，至寨镇转售盐商，航运荆紫关、淅川一带销售。”[①] 河东池盐对龙驹寨在明清时期的繁荣有着巨大的促进作用，古镇中还出现了精美的盐帮会馆（图3-18）、船帮会馆（图3-19、图3-20）。

图3-18 丹凤盐帮会馆

① （民国）冯光裕：《续修商县志稿》卷八《交通》。

图 3-19　丹凤船帮会馆

图 3-20　丹凤船帮会馆精美的建筑细部

2. 龙驹寨镇的演变与聚落形态

龙驹寨虽为重要的水陆码头，但最初仅为漕运节点和军事重地，其商业并未发展，也未能形成具有规模的市镇，直至明中期开中制的实行和盐马古道的开辟，龙驹寨才逐渐发展成繁华的商业集镇，至万历天启年间商业达到极盛，官府因而在此设税司衙门。明末战争虽对龙驹寨的经济发展造成了极大的冲击，但经过清政府的积极建设，龙驹寨在清中后期重新恢复生机，至咸丰年间，厘金岁额达到陕西全省之冠。

龙驹寨曾有城墙，始建时间不详，城楼在明末毁于战争，并于清顺治年间与民国时期两次重建。城中古代曾有两条河街，一条正街，河街上曾有上中下三大码头，下码头通向板条行，中码头通向黄行（过载行），上码头通向花庙（船帮会馆）。现今河街已毁，东西向的正街即今日的老街南凤街，曾经作为盐运商道的一段与镇中最主要的商业街（图 3-21）。龙驹寨老城区也呈现为沿着老街生长的线形布局，街两侧紧密排布着民居店铺，建筑形式以前店后宅的窄院为主。在清代，正街上除有数百家店铺外，还有十大会馆，其中以行业会馆为主，至今仍保存有船帮会馆、盐帮会馆和青瓷器帮会馆等，具有强烈的商道聚落特色。船帮会馆所在的花庙路和盐帮会馆所在的紫阳宫路是古城区的两条重要南北向交通轴，昔日水运与盐业在古镇的地位在此可见一斑。

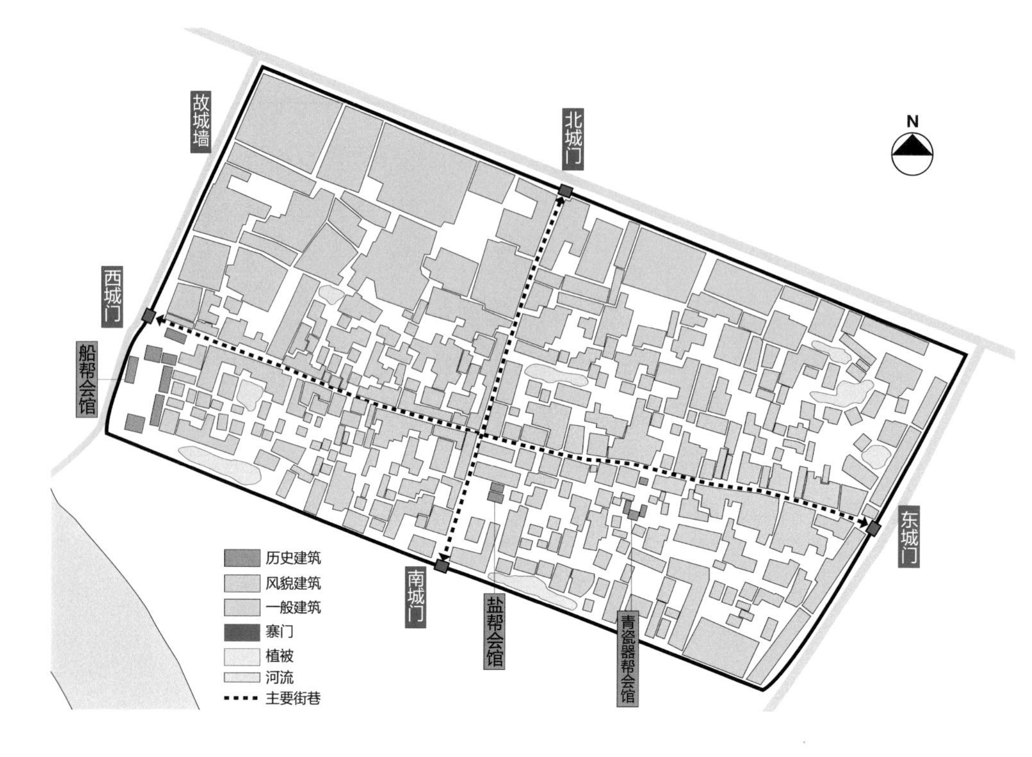

图 3-21　龙驹寨格局示意图

四、河东盐区运盐聚落的比较特征

河东池盐的运输主要依靠陆运，因此运盐聚落多为驿道附近的聚落，其中又分为驿道上的线形聚落和临近驿道的寨堡聚落。驿道上的线形运盐聚落，其本身即具有发展商业的地理优势，河东盐业在明代的繁荣加速了它们的发展进程。这类聚落大多以驿道为轴进行扩张，而代表河东文化的关帝庙、山陕会馆或是盐业会馆大多会占据聚落正街的重要位置，例如半扎关帝庙、龙驹寨盐帮会馆、大阳镇关帝庙；或是与聚落本地的另一些建筑相融合，例如周村东岳庙中的关帝庙，上伏村汤帝庙中的关帝庙。临近驿道的寨堡聚落，其诞生与发展则与河东盐业关系更加密切。这类聚落相较于线形聚落，交通便利性稍差，因此难以直接发展为商业聚落，但却在明代开中制实行后迅速繁荣并发展出多层级的防御设施与建筑，作为河东文化载体的关帝庙常常成为聚落中最重要的公共活动场所。

与河东盐区的运盐聚落相比较，海盐区的盐运大多依托水运，因此运盐聚落以水陆节点的码头聚落为主，其格局往往以码头为核心，街巷自码头向内陆延伸。便利的交通条件使得海盐盐商种类较池盐盐商更多，在海盐区的运盐聚落往往会出现多地会馆与神庙，这些会馆与神庙为各地商人提供帮助，也承担了部分社会管理和治安维护功能，进而影响街巷格局的形成。例如湖北汉口处在淮盐区，在其地贸易往来中，山陕盐商担任重要角色，而来自江苏等地的客商也不可忽视，故城中除山陕会馆与关帝庙外，还有多处其他同乡会馆，各方力量共同促进了古代汉口城市形态的形成与演变。与此相比，河东盐区则稍逊一筹。

第四章 河东盐运古道上的建筑

第一节

盐商宅居

一、盐商宅居的特点

河东盐业曾经的繁荣促使了大量盐商的诞生，一些大盐商财力雄厚，其家族宅院即可发展成小型聚落，例如洪洞杜戍村董家的永乐堡、郏县朱家的临沣寨。除了这些以外，还有很多盐商曾经也修建过深宅大院，从这些盐商宅居中亦可以发现河东文化传播的痕迹。

河东一带不论神庙还是普通民居，均注重等级秩序，讲究对称，强调中轴线，装饰风格古朴稳重。民居形式以四合院为主，也有由多进四合院组合而成的串院、棋盘院，多为硬山屋顶。民居木屋架多采用抬梁式，多施叉手，一般为二层，第二层常常作为储藏、通风之用。厢房多为三间，开间等大或明间稍大。院落入口处常常有影壁以遮挡视线，或是直接借用厢房山墙作为影壁。盐商宅居多为组合院落，在靠近山地时，还会依山建造窑洞。例如在绛县槐泉村王家大院遗址，仍可见靠崖窑与硬山式房屋共同组成的院落（图 4-1、图 4-2）。

图 4-1　绛县槐泉村王家大院硬山式房屋遗址

图 4-2　绛县槐泉村王家大院靠崖窑遗址

二、代表性盐商宅居分析

（一）长治申家大院

河东之外，在河东盐运古道上其他地区遗留的盐商宅居中也带有河东一带的建筑特征，例如长治申家大院。申氏于明嘉靖年间迁入长治中村，最初经营醋业，在开中制实施之后转为经营潞铁与河东池盐，并由此发家，申氏发家后修建的申家大院也因此兼具河东、泽潞一带的民居特征。

申家大院原本有二十四院，坐北朝南，是由多组合院组成的棋盘院，曾经有宅院、花园、盐库等部分。根据复原图可知，大院中还有一座小型豫楼，极具泽潞地区特色（图 4-3）。现仅存部分院落，格局为单进四合院、两进四合院、三合院和依地势而建的窑洞院。建筑群中部有集散用的空地，两侧的合院则由小巷串联，各组团内建筑布局依中轴对称、主次清晰。其中一号院保存最好，为硬山屋顶，两进四合院，临街倒座面阔七间，并设有可拆卸门板，可作为店铺（图 4-4）。东南角有

注：图片源自申家大院展区资料。

图 4-3　申家大院复原图

院门，进入后面对以东厢房山墙为影壁而形成的入口空间，之后便是一进院，中堂七间，面阔较小且等大，明间、次间南面为木质墙体与隔扇门，不仅保证了通风效果，也遵循了按中轴线对称布局的原则。东西厢房各三间，面阔等大，墙上做木隔扇窗。过了第一进正房（中堂）后，可进入第二进院。第二进院厢房与第一进的规制类似，但墙面门洞、窗洞均较小。正房五间且面阔较大，砖砌墙面，同样开窗较小，形成稳重、严肃的空间氛围，等级秩序感强烈（图 4-5）。正房两侧阁楼有与厢房阁楼相连的木质过街楼，在连接建筑的同时，增添了立面的韵律感。

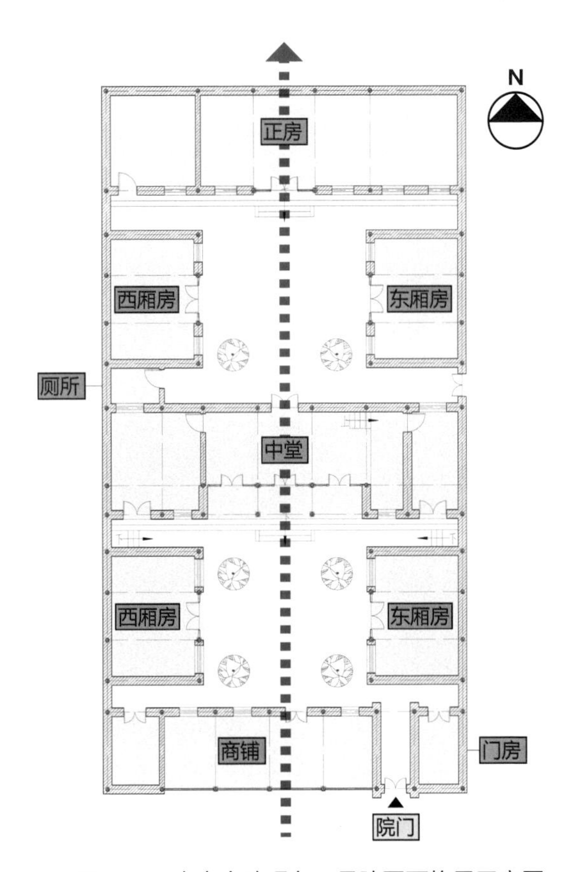

图 4-4　申家大院现存一号院平面格局示意图

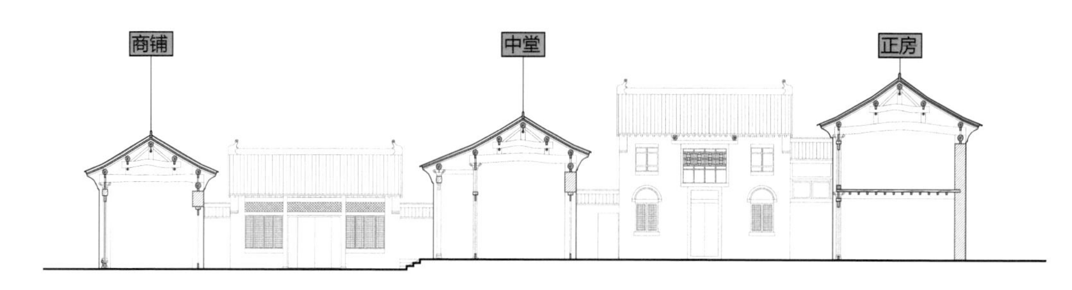

图 4-5　申家大院现存一号院剖面格局示意图

申家大院的建筑构造与装饰同样颇具河东之风。其中一号院的一进院中堂屋架为抬梁式，柱头施大斗，斗内施雀替抬五步梁，五步梁上瓜柱承三步梁，三步梁中以脊瓜柱承脊檩，并施叉手。二进院正房屋架形式与一进院中堂类似，但斗内为单拱且木雕装饰更多（图 4-6、图 4-7）。二号院的倒座上可以看到三踩斗拱，形态厚重，拱身、耍头与大斗均雕花草装饰。除木雕装饰外，建筑中还有一些石雕、砖雕，整体风格稳重浑厚。

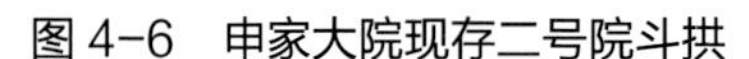
图 4-6　申家大院现存二号院斗拱　　　图 4-7　申家大院屋架

（二）三原周家大院

除长治申家大院外，在陕西三原孟店村还有一处盐商宅居——周家大院。周氏不仅在三原经营河东池盐，还曾行商江南，因此周家大院兼具山陕和江南建筑特征。周家大院建于清乾隆末年，原有十七院，于同治十一年（1872年）烧毁十六院，现仅存一院。现存一院为关中典型的窄四合院，坐南朝北，中轴对称布局，轴线上由北至南依次有门楼、二门抱亭、过厅、退厅、后楼，两侧配有门房和厢房（图4-8）。其中门楼面阔五间，明间开大门，次间梢间不开窗口，意在强调入口与中轴线。进入大门后有木隔扇，遮挡部分视线但不影响空间渗透，从木隔扇两侧绕过，可看到前厢房山墙上的砖雕，与长治申家大院以厢房山墙作为影壁的手法如出一辙。之后进入第一进院，院落极窄，厢房与过厅屋檐挑出，颇具江南特色。厢房面阔四间，对庭院出廊，柱顶有斗，斗中施雀替，做云纹雕饰。过厅面阔三间，退厅面阔五间，均不设分隔，以便于家族成员聚集议事。之后为第二进院，第二进院厢房三间，同样对院内出廊，后楼地坪抬高，也向院内出廊，隔扇门窗更加豪华，显示出其重要性。院落从北至南建筑等级逐渐增高，空间氛围则逐渐趋于私密。

周家大院的屋架为抬梁式，且常常出现以雕花角背代替瓜柱的手法，三架梁上亦施有叉手，虽是清代建筑，但仍有河东一带的复古之风。建筑山墙上的砖雕影壁精致秀美，柱础的香炉、宝瓶等雕刻元素在河东盐道上的诸建筑中则比较常见。在具备山陕建筑特征的同时，周家大院在空间组织上吸取了江南建筑的特色，二门的视线渗透处理、内院的亲人尺度、檐廊的灰空间、大量使用的隔扇门窗以及通透的雀替等建筑构件营造了清幽活泼的居住空间，使得周家大院与长治申家大院纯粹稳重的风格有所不同（图4-9）。

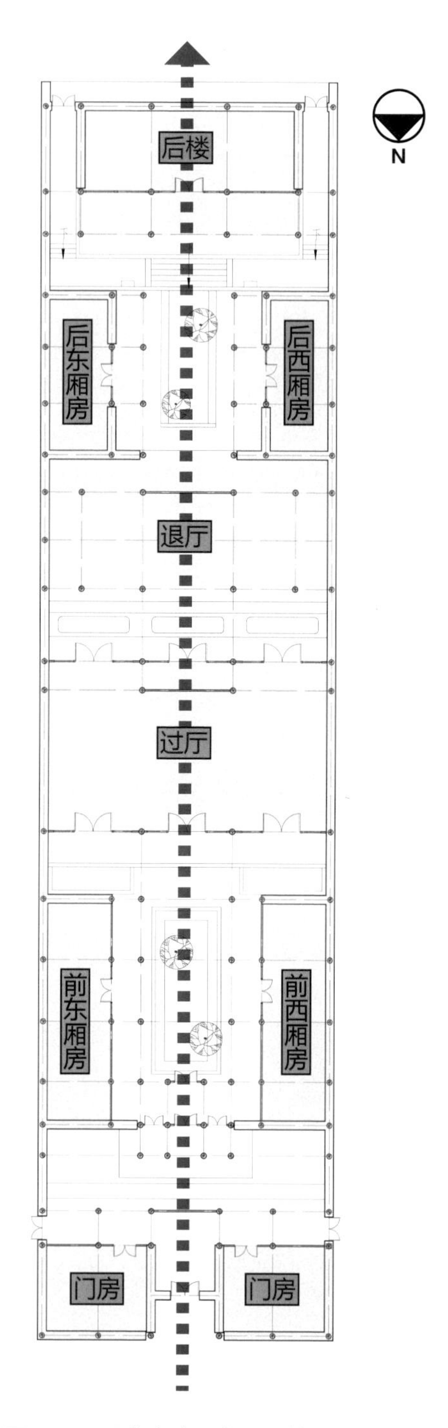

图 4-8　周家大院现存平面格局示意图

A. 砖雕影壁

B. 内院

C. 柱础

D. 屋架

图 4-9 周家大院现存建筑实拍图

第二节

文教建筑——运城河东书院

一、运城河东书院的历史沿革

河东盐业在教育上最大的贡献就是创立了专供盐商、盐夫子弟学习的运学。河东盐区运学最早在元大德三年（1299 年）由运使奥屯茂创建，在明代初期停办，但随着河东盐业的复苏与兴盛，运学在正统己未年（1439 年）恢复。运学的高质量办学带动了运城一带的办学风气，在之后先后有河东书院、正学书院、宏运书院三处书院兴办，其中正学书院与宏运书院现已毁，仅河东书院尚存一书林楼。

运城河东书院始建于明正德甲戌年（1514 年），由巡盐御史张士隆主持创建，创建之时“诸车人、店人、牙人献木石暨力，诸工师献能，诸园薮献厥植”[①]，在各方合作下这一具有园林特色的书院得以建成。万历八年（1580 年），张居正主持禁革书院，河东书院本也应被毁，但时任巡盐御史李廷观将书院改名为“崇圣祠”躲过一劫。此后河东书院逐渐荒废，直至天启年间，巡盐御史李日宣主持修缮，书院才得以重新开学。清初，河东书院得到修缮并恢复原名，之后一直作为运城一带的重要学府，直至民国时期停办。

① （清）蒋兆奎:《河东盐法备览》卷十二《艺文》，吕柟《河东书院记》。

二、运城河东书院的特点

（一）建筑布局

运城河东书院的主要建筑现已无存，但其格局被以文字的形式记录下来流传至今。根据张士隆的好友吕柟在《河东书院记》上的记载，河东书院的布局基本呈中轴对称，主入口在南部，首先是三檼先门，穿过先门有三檼仪门，仪门过后可见位于中轴线上五檼的讲经堂，讲经堂东是崇义斋，西为远利斋，皆为五檼，与二斋垂直建有东西二序，与仪门南墙相连，以上元素围合成院。院中二斋南部各有碑亭一座，桐、槐、松、柏若干，共同组成了河东书院的主要教学空间（图 4-10）。在东西二序外侧，分别有三檼的东西上、中、下号，并配有厨房，共同组成生活空间。

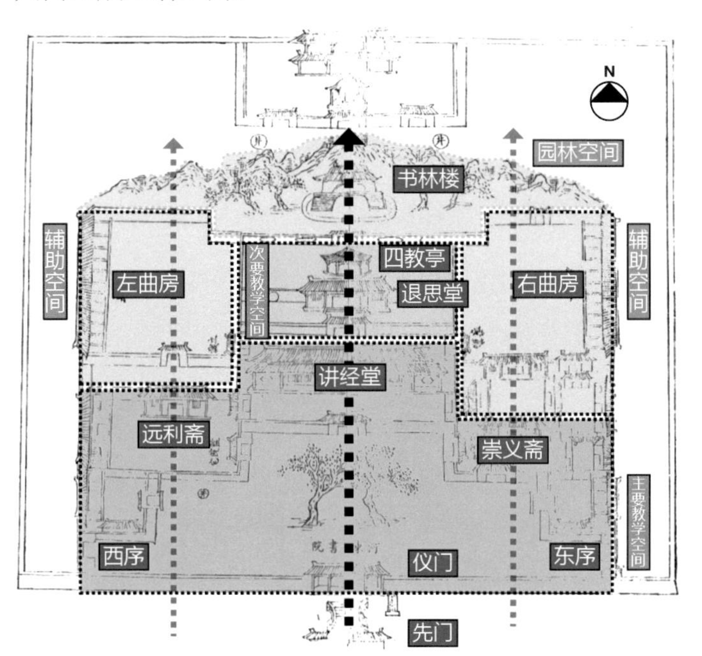

注：笔者根据《增修河东盐法备览》绘制。

图 4-10　河东书院格局示意图

在讲经堂北，紧接着位于主轴的建筑是五楹的退思堂，退思堂西有左曲房，其后是胥人房，与左曲房对称有右曲房，其后有隶人房，在胥人房和隶人房后还各有四所蜂房。退思堂、左右曲房及其围合的院落组成了教学辅助空间，而胥人房、隶人房和蜂房则组成了管理服务空间。

从退思堂继续北上，便是由四教亭引领的园林空间，建筑减少而景观增多，四教亭北是环池，其中央建有藏书的书林楼，环池东有石榴园，西有葡萄园，从环池北行，则是更加富有野趣的荼蘼园、藕草园等。

河东书院的布局思路与盐池神庙有类似之处，即都注重礼制，中轴对称，最重要的建筑位于中轴线正中，空间气氛从严肃庄重到自然活泼逐步过渡。教师、学生的生活空间与教学空间紧邻，后勤辅助空间和管理空间则远离中轴，功能布局合理而清晰。

（二）建筑遗存

书院今日留存的建筑仅有环池中央的书林楼，且于2013年经过大修。书林楼平面为方形，砖砌而成，共两层，上下二层略有收分，一层正面设拱券门，藏书房间现已不可进入，西面有砖砌楼梯通往二层，二层设一神龛，以祭祀先贤。屋顶为卷棚歇山式，檐部有大量砖雕而成的仿木结构额枋、飞椽（图4-11）。

图 4-11 书林楼

第三节

祭祀建筑——运城池神庙

一、运城池神庙的历史沿革

河东池盐的生产最初完全依赖于自然现象，阳光曝晒、南风吹拂对于池盐的生产意义重大，因此在盐池一带很早就出现了对于盐池和诸多自然神的崇拜，古人也修建了相关神祇的神庙。最早的池神庙选址与形态现已不可考，运城南部的池神庙始建于唐大历十三年（778 年），“大历丁巳……冬十月诏赐池名曰‘宝应灵庆’，兼置祠焉……其明年，因厥农隙，创兹神寝”[①]。金代末期，池神庙遭到较为严重的破坏，元皇庆二年（1313 年），官方组织在旧庙西侧另建新庙，“前都转运使阿失铁木儿乃相故庙西壖卜地爽垲，中缔正殿，周阿重檐，翼东西庑，前敞其闳，后营寝室”[②]（图 4-12）。此时的神庙是前殿后寝的形式，与现存的池神庙形制有所不同。至明代，嘉靖癸巳年（1533 年）秋至甲午年（1534 年）池神庙经历了一次大规模修整：

> 其为殿三，其妥神五，中殿神二，东西盐池之神，左殿神二，曰条山风洞之神，右殿神一，曰忠义武

① （宋）李昉等纂：《文苑英华》卷八百十五，张濯《唐宝应灵庆池神庙记》。

② （清）蒋兆奎：《河东盐法备览》卷十二《艺文》，王纬《重修池神庙碑》。

安王之神……中为穹殿三间……溜前小亭易为厦屋五间，城而石栏，为十有七丈，左右为殿……各少穹间……前岩廊今为间，四十有八，为乐台一，为二门三，角门二，为间五匾，仍旧曰洪济，外左右为神厨，为土地庙，各五间，大门为岑楼，间五匾，曰海光，外为盐风亭一……外折道为坊门三，后堧为官厅二，有厢，池南为南禁楼一……[①]

图 4-12　重修池神庙碑

经嘉靖年间这次修缮后，池神庙的格局基本固定，中轴线上从南至北依次为盐池—海光楼—奏衍楼（戏楼）—三大神殿，此布局留存至今（图 4-13）。建筑群中除了供奉盐池神外，还供奉中条山神、风洞神、土地神、灶王神等与盐业生产相关的神祇；而忠义武安王即传说中保护盐池的关帝，神位在三大神

① 蒋兆奎：《河东盐法备览》卷十二《艺文》，马理《河东运司重修盐池神庙记》。

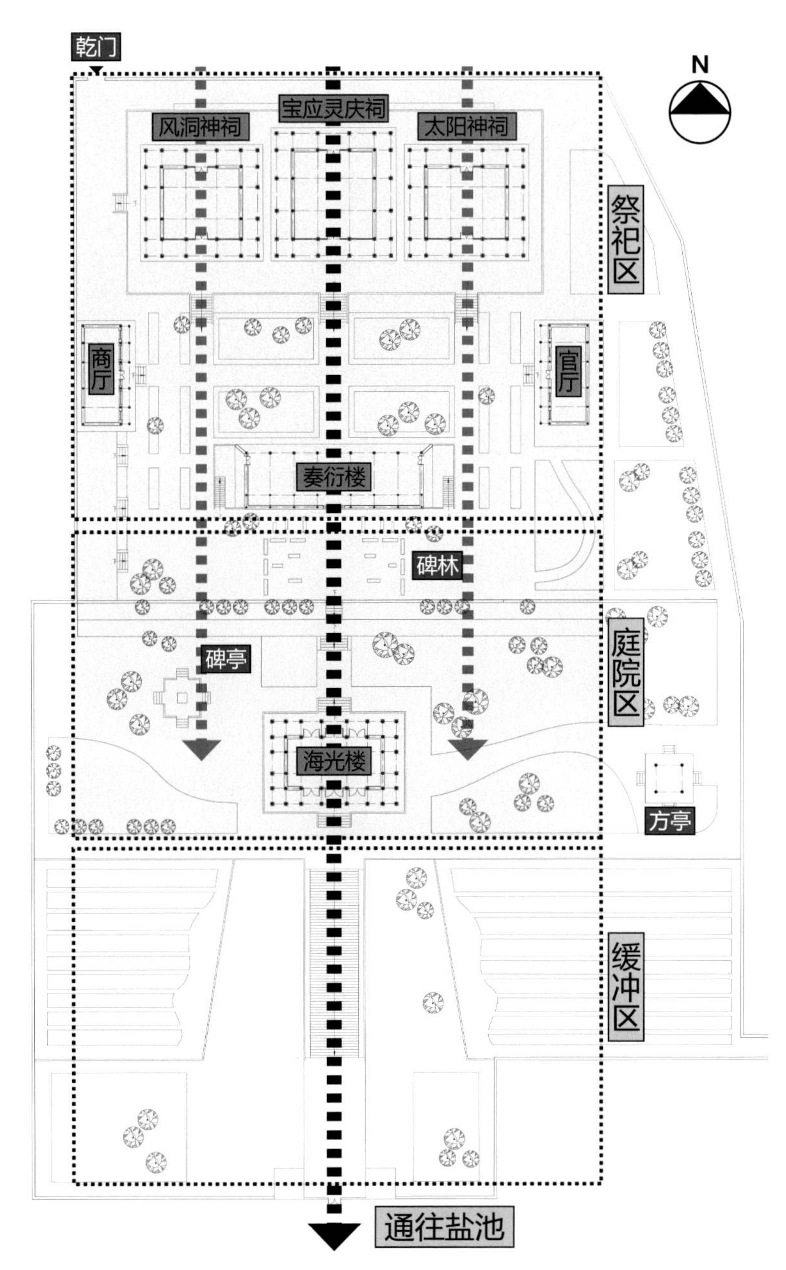

图 4-13　河东盐池神庙现存格局平面图

殿中的右殿，这也是关帝信仰文化和盐池文化融合的表现。

在万历十九年至二十年间（1591—1592年），监察御史蒋春芳主持重修了盐池神庙。据碑记记载："河东运司盐池神庙中殿曰东西盐池之神，左曰中条山之神，右曰风洞之神。"[①]由此可见，在此时中条山神和风洞神的祭祀已经分开，分列三大殿之左、右二殿之中，而关帝的神祠被移出了三大殿，极有可能此时池神庙东已经另建关帝庙。万历四十五年至四十七年（1617—1619年），盐池神庙又经历了一次修缮，据《重修池神庙碑》记载："……别为伏魔大帝关圣庙。车道东，左为雨神，右为太阳二庙。海光楼下为甘泉神庙……寻丈为楼曰歌薰。"[②]在池神庙东侧紧邻处修建规模较大的关帝庙，这正是河东盐业发展使得关帝信仰随之广为传播，池盐商业与关帝文化相互融合的结果，而雨神庙、太阳神庙、甘泉神庙、歌薰楼等也在这一时期修建完毕，盐池神庙发展达到极盛，三殿并立的独特格局和多神共祀的体系完全确立。在清代盐池神庙虽也有数次修缮，并将雨神又替换为风洞神，但并未改变格局。

清代后期，河东池盐经济逐渐衰落，盐池神庙也随之破败，现今建筑群中三大神殿正殿尚保存较好。中轴线两侧的官厅曾遭毁坏，现已重建。戏楼（奏衍楼）几经落架大修，现已由原本的五间改为七间。中门与海光楼均被毁，海光楼后在原址稍北处重修。原本庙中的关帝庙、灶君神庙、甘泉庙、土地神庙、歌薰楼和诸多牌坊现均已不存。

---

① （清）蒋兆奎：《河东盐法备览》卷十二《艺文》，蒋春芳《敕修盐池神庙碑记》。

② 南风化工集团股份有限公司：《河东盐池碑汇·碑文》，龙膺《重修池神庙碑》，太原：山西古籍出版社，2000：147—151页。

二、运城池神庙的特点

（一）空间布局特点

运城池神庙的中轴对称格局同很多其他传统神庙建筑一样，体现了中国传统礼法的影响。建筑群等级分明，严格整齐地对称分布在南北中轴线两侧，而中轴两侧又衍生出两条次轴（图 4-14）。建筑的方位、体量大小、装饰复杂程度与建筑的等级紧密关联，例如三大殿位于建筑群北部中心位置，坐北

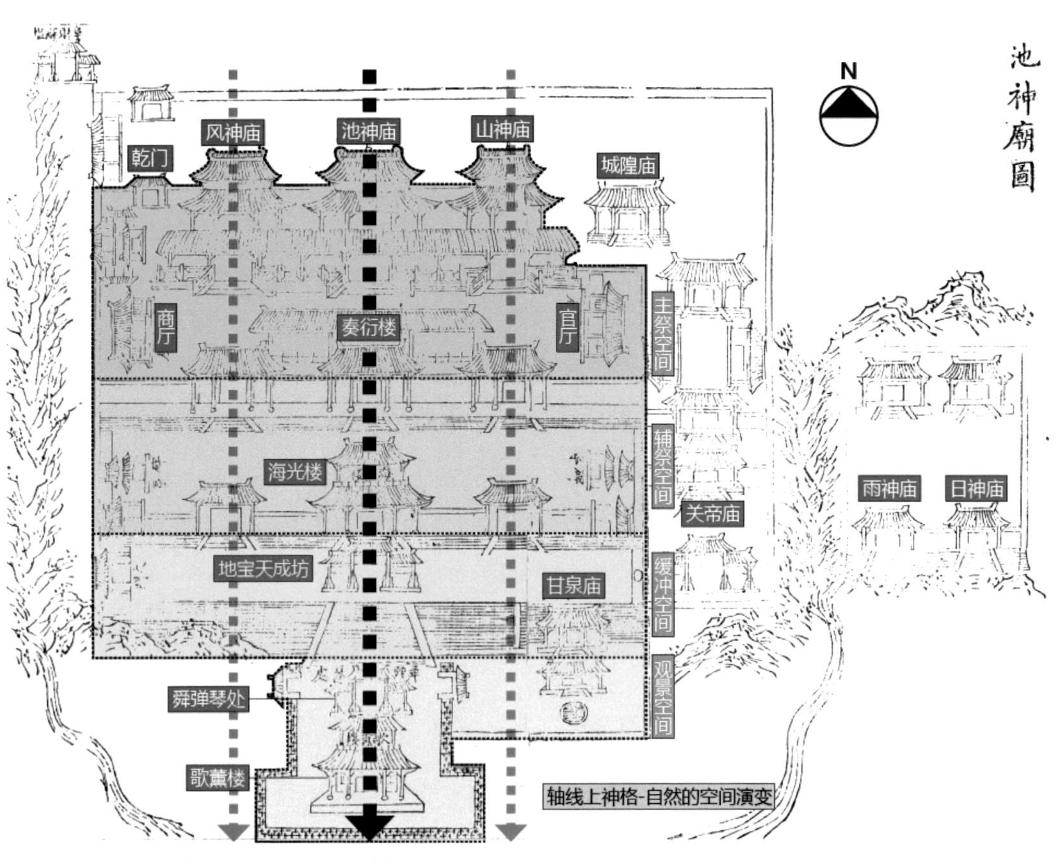

注：笔者根据《增修河东盐法备览》自绘。

图 4-14　河东盐池神庙格局示意图

朝南，而中央的池神庙形制稍大于两边的神庙建筑形制，相对次要的官厅、商厅被置于两条次轴附近，且中轴对称。三大殿南有院落，继而是奏衍楼、中门，中门两侧有旁门位于次轴上，出中门后又是一进院落，两侧并立规模较小的土地神祠与灶君神祠。曾作为门楼的海光楼位于主建筑群最南部，其外有“地宝天成”牌坊，过牌坊有下行台阶通往歌薰楼与盐池，利用地形高差形成恢宏的气势。曾经的歌薰楼建在伸入盐池的砖砌平台上，登上歌薰楼可尽收盐池与中条山全景。

盐池神庙的功能空间大致可分为主要祭祀空间、辅助祭祀空间、缓冲空间和观景空间四部分，以中门、海光楼、“舜弹琴处”坊为空间分隔的平面节点。

第一部分是由三大神殿、官厅、商厅、奏衍楼及它们围合的庭院组成，三大神殿是主要的祭祀场所（图 4-15），盐官按照律例，于规定的时节在此主持池神祭祀，官厅、商厅作为参与祭祀的官员和盐商等待休息的场所（图 4-16），奏衍楼则是作为古代礼神所必需的戏剧表演场所。整个空间分布相对紧凑，仪式感强烈。

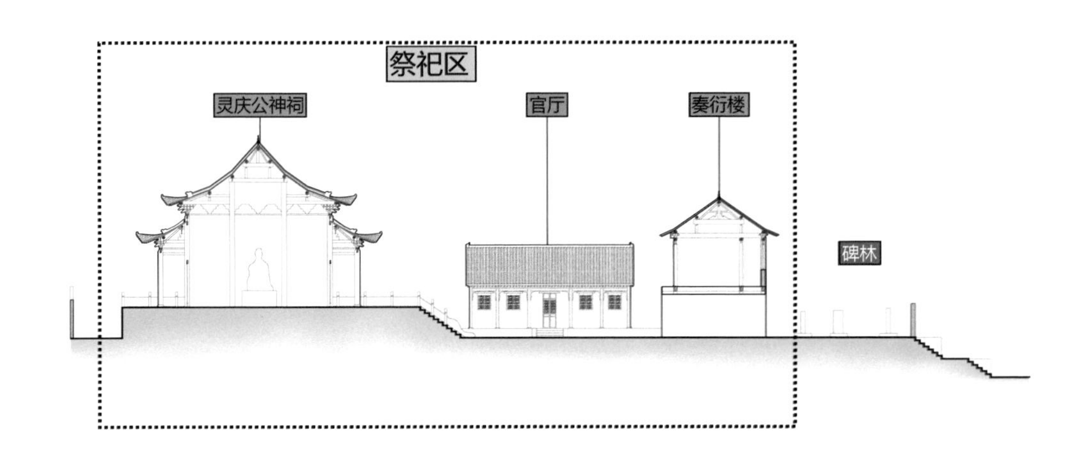

图 4-15 运城池神庙主祭祀区剖面图

图 4-16　运城池神庙官厅

第二部分是由土地神祠、灶君神祠以及它们和中门、海光楼共同围合的庭院组成的辅助祭祀场所。这一进院落建筑布置相对稀疏，作为祭祀场所的神祠体量相对较小，因此空间气氛相对轻松，庄重感与严肃感较主要祭祀空间稍弱。

第三部分是自海光楼外到“舜弹琴处”坊的室外空间。这一部分是连接池神庙主体建筑群和盐池的缓冲空间，从南到北，沿着高高的台阶拾级而上，逐渐从盐池自然风光转向神庙祭祀空间，在南部台阶下向北仰视，可以观赏池神庙的宏伟，而从台阶上向南俯瞰，则能感受盐池与中条山自然风光的旖旎，两种空间体验在此和谐过渡。

第四部分是包括“舜弹琴处”坊以南的歌薰楼和盐池在内的观景空间。歌薰楼深入盐池之中，作为池神庙的一部分与盐池融为一体，并使人可从多个标高观赏盐池自然风光，不仅还原了舜帝作《南风歌》的场景，也体现了古人“天人合一”的营造思想。

盐池神庙四个空间片段的主题从北至南由宗教逐渐转换为自然，将人们从事的盐业劳动、贸易、管理和自然环境联结为一体，使得从事河东盐业的各类人群具有强烈的归属感，并在精神上得到极大满足。这种强烈的精神力量不仅支持着河东盐商克服重重困难经营贸易，也使河东文化在传播的途中保留了相对较高的纯粹性与统一性。

（二）建筑特点

运城池神庙的三大正殿形制类似，但中央的池神庙体量略大于两旁的太阳神祠、风洞神祠（图 4-17）。三者均面阔五间，进深也为五间，四面出廊，平面近似为正方形，柱子全为圆木柱。屋顶均为重檐歇山顶，下檐均为三踩斗拱，昂嘴做假华头子，平身科、柱头科要头做麻叶云，角科要头做蚂蚱头，池神庙明、次间均有两攒平身科斗拱，而两侧的太阳神祠和风洞神祠的明、次间则只有一攒平身科斗拱。上檐四角为重昂五踩角科鸳鸯交首拱，昂嘴同样有假华头子，是典型的明代风格。要头有麻叶云装饰，平身科斗拱均为重昂五踩，明间两攒，次间一攒，要头亦做麻叶云（图 4-18）。

图 4-17　运城池神庙三大正殿

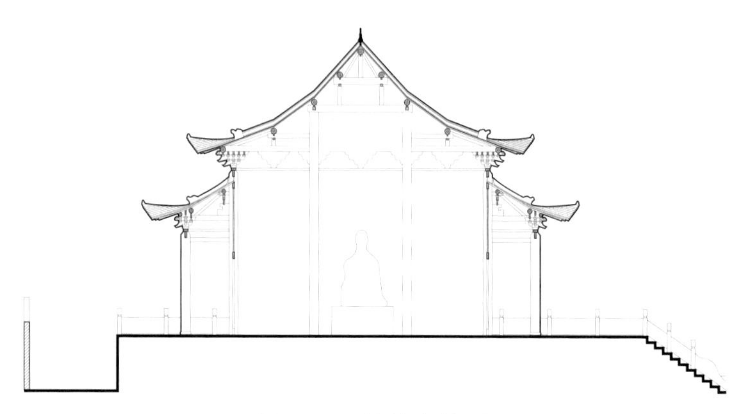

图 4-18　池神庙剖面图

奏衍楼建在抬高的砖砌台基上，现面阔七间，进深一间，明间采用了明代风格的移柱造，使得观赏面更大，柱子全为圆木柱，不做斗拱，五架梁的梁头向外伸出，悬山屋顶，屋架上做叉手。戏台两侧还有八字墙，以增强对戏台的指向性和声音效果（图 4-19）。

图 4-19　奏衍楼

第四节

山陕会馆与关帝庙

一、会馆建筑的类型

河东池盐行销线路上各个聚落里的一种代表性建筑就是河东盐商们筹建的关帝庙和山陕会馆，它们作为盐商的聚集地与精神文化活动场所，具有较大的相似性。在山西地界之内多关帝庙，而在山西以外则多山陕会馆，在很多地区山陕会馆与关帝庙的名称并无严格区分，例如半扎山陕会馆、郏县山陕会馆也被当地人称为关帝庙。盐商不仅捐资筹建关帝庙和山陕会馆，也常常借用它们来销盐，因此这一群体对山陕会馆的建造与风格形成起到了重要影响。顺着盐运线路对沿线的关帝庙、山陕会馆进行研究，可以探析河东盐区建筑的演变轨迹和文化意义。

二、山陕会馆与关帝庙的特点

（一）地理位置分布

河东盐区盐运线路上的山陕会馆大多分布于古代重要的商业型聚落之中，而山西的关帝庙则还常常出现在由血缘关系而形成的聚落之中。这是因为山陕会馆在作为精神文化活动场所的同时，还对包括盐商在内的商人有重要的支援和保护作用，而山西地界内的关帝庙在很多时候则被当地居民作为寄托信仰的场所。

在洛阳、社旗赊店镇、山阳漫川关镇、淅川荆紫关镇等位于水陆交通节点，具有优越的交通条件和商业发展实力的聚落中，山陕会馆作为盐商和其他商人的行商据点出现，而在半扎村这类位于漫长陆行商道之中的聚落，山陕会馆不仅具有商业据点功能，还可以对商人进行庇护和补给。在这些聚落中，山陕会馆选址多位于繁华的街市或是交通便利的节点。例如社旗赊店镇山陕会馆东靠古镇南北轴线上的永庆街，北靠曾经的盐店集中地五奎厂街，占尽镇中繁华之地（图 4–20）；洛阳山陕会馆南临洛河，洛阳潞泽会馆则东临瀍河，均有良好的交通条件。

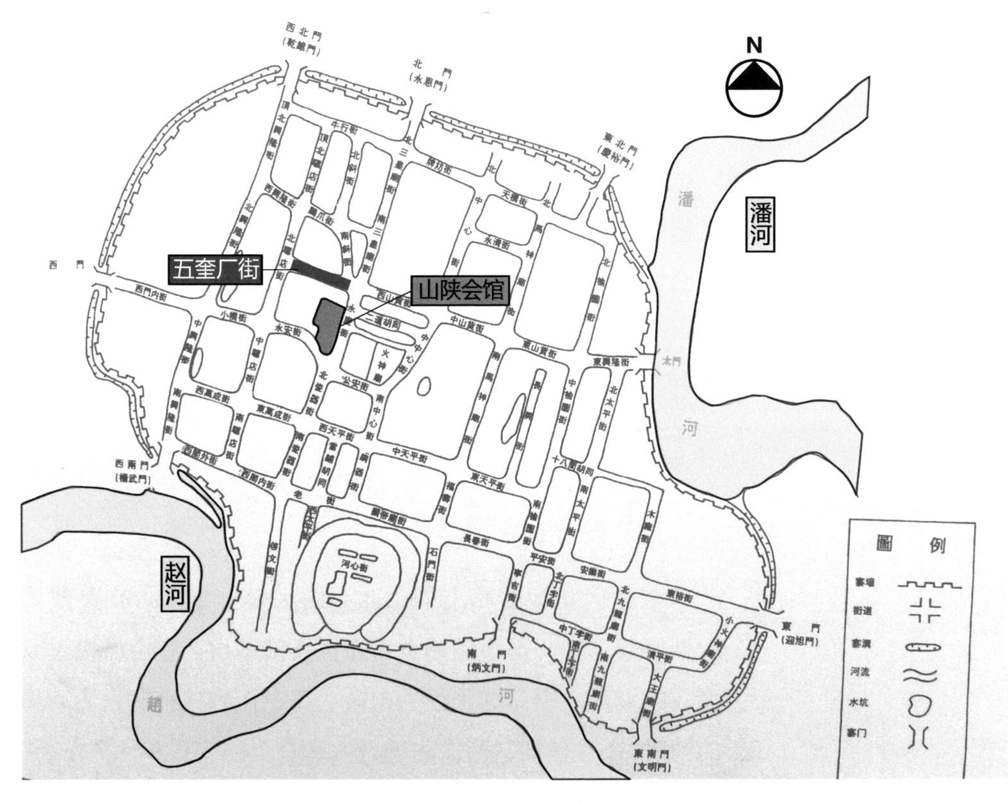

图 4–20　社旗赊店镇山陕会馆选址示意图

河东盐区山西省内聚落中的关帝庙选址多在聚落的中心、出入口或是山水形胜之地，相较于山陕会馆选址的商业性考量，关帝庙的选址更突出公共活动和信仰感召的需求。例如长治荫城镇的关帝庙选址于村南山头，从上可俯瞰全镇。最初，关帝信仰随着盐商行盐传播至泽潞等地，在部分聚落中，精明的盐商甚至会将关帝庙修进当地原本的庙宇，例如泽州周村的东岳庙、阳城上伏村的汤帝庙内均有一处关帝庙。在阳城郭峪村、泽州大阳镇等地，关帝庙则和汤帝庙占据不同的重要地段：郭峪村中汤帝庙占据制高点，而关帝庙占据出入要津；大阳镇汤帝庙占据制高点而关帝庙处在正街中心位置。由此可见，盐商行盐不仅带来关帝文化的传播，也直接影响了盐区内的建筑格局（表4-1）。

表 4–1　河东盐区部分关帝庙选址情况

关帝庙所在聚落	选址位置类型	选址示意图
长治荫城镇	制高点	
泽州周村	其他庙宇内部	

（续表）

关帝庙所在聚落	选址位置类型	选址示意图
阳城上伏村	其他庙宇内部	
泽州大阳镇	商业街中心	

（二）建筑布局

河东盐区各地关帝庙和山陕会馆的组成要素及布局思路均受到解州关帝庙以及盐池神庙的影响，大多具有轴线对称、等级分明、空间氛围层层递进的特征，而组成要素则多取自解州关帝庙。

大量关帝庙与山陕会馆都有明显的中轴线，在中轴线上依次排布有戏楼（悬鉴楼）、大殿、春秋楼（麟经阁）三大基本组成要素，戏楼对应解州关帝庙的雉门戏台，作为祭祀和集会活动的重要表演空间，大殿对应崇宁殿，作为主要的礼神空间，而春秋楼则不仅作为辅助祭祀空间，也保持了关帝信仰空间序列的完整性。整体空间大致可分为戏楼以外的前导空间、戏楼至大殿之间的观演空间、大殿到春秋楼之间的礼神空间，空间氛围逐渐严肃，形成由闹至静的转换，这种组织方式与解州关帝庙有较大的相似之处。虽然没有皇家的财大气粗，但河东盐商们运用自己的智慧，在保留空间要素与功能的前提下，通过简化解州关帝庙的格局，建造了各地山陕会馆和关帝庙，既满足了市井商业与演出集会的需要，又满足了凝聚乡情乡谊与礼神祭祀的需求（图 4-21）。

除了戏楼、大殿和春秋楼三大基本要素，在运城以外的山陕会馆和关帝庙还大多在轴线两侧配有钟鼓楼、厢房、配殿等建筑，厢房体现了会馆的援助功能，而配殿则是关帝信仰在各地与其他神祇信仰融合的表现。河东盐商与其他山陕商人们行商各地，也会吸收其他与商业相关的神祇信仰，例如社旗赊店镇山陕会馆中的配殿即供奉药王神、马王神。在中轴上，大型的山陕会馆如社旗赊店镇山陕会馆、洛阳山陕会馆等还会配有琉璃照壁、牌坊等构筑物，气势更加宏大，在空间序列的完整性上更加接近解州关帝庙。规模较小的会馆则会适当简化各组成部分，例如汝州半扎村山陕会馆的钟楼和城楼合建，且只有一座，戏楼与山门合一且规模较小（图 4-22）。

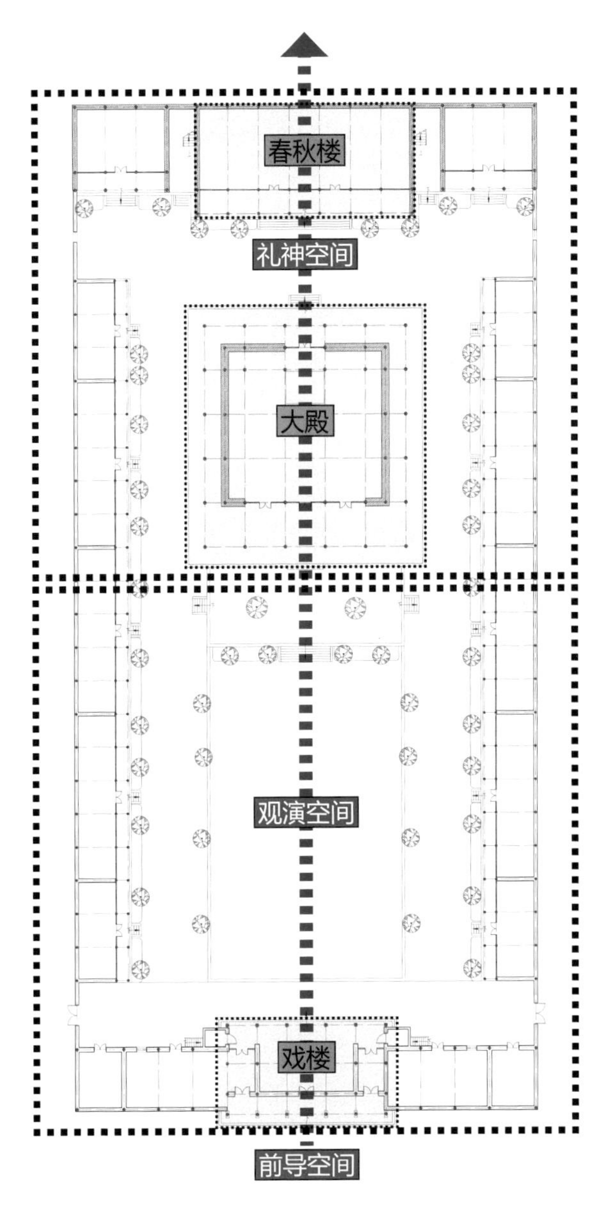

图 4-21 山陕会馆典型平面格局

图 4-22　汝州半扎村山陕会馆的山门戏楼（左）和社旗赊店镇山陕会馆的山门戏楼（右）

（三）建筑构造

河东盐区的关帝庙和山陕会馆多由盐商等商人组织修建，虽多为民用建筑，但它们从柱网、梁架到斗拱的设计均参考借鉴了解州关帝庙，在同样注重等级的同时，构件雕刻的题材却比一般民用建筑更为丰富而自由。

在柱网方面，大量山陕会馆和关帝庙的大殿都采用了和解州关帝庙一样的四面出廊柱网。河东一带崇尚古风，许多建筑采用减柱、移柱的手法，如运城池神庙中乐楼二层通过减柱移柱获得更大的观看面，洛阳潞泽会馆二层减去次间金柱来获得更宽阔的舞台。而社旗赊店镇山陕会馆则效仿解州关帝庙崇宁殿减去明间中柱获得更大礼神空间的手法（图 4-23），减去了明间的金柱，同样使得面对神像的视野更加开阔（图 4-24）。

在构件方面，山陕会馆和关帝庙的选材同样相对较细，结构较为简洁，承重构件较少；主要建筑结构大多采用抬梁式，如解州关帝庙和运城池神庙会使用叉手、拖脚等构件；主要建筑的瓜柱下做角背，并有雕饰；额枋与雀替通常较薄，并有通透的雕刻；正殿的屋顶常常采用重檐歇山式，而拜殿或飨殿则多采用卷棚顶（图 4-25）。

龙作为皇家的专属题材，在山陕会馆中被普遍使用，并成为其文化符号。如源于解州关帝庙的龙头耍头，在社旗、郏县、洛阳等地的山陕会馆，以及山西一些庙宇内附属的关

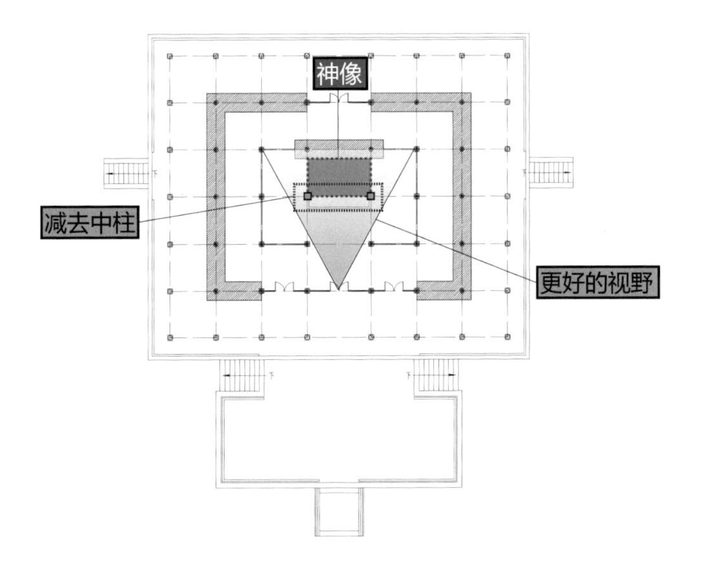

图 4-23 解州关帝庙崇宁殿减柱造示意图

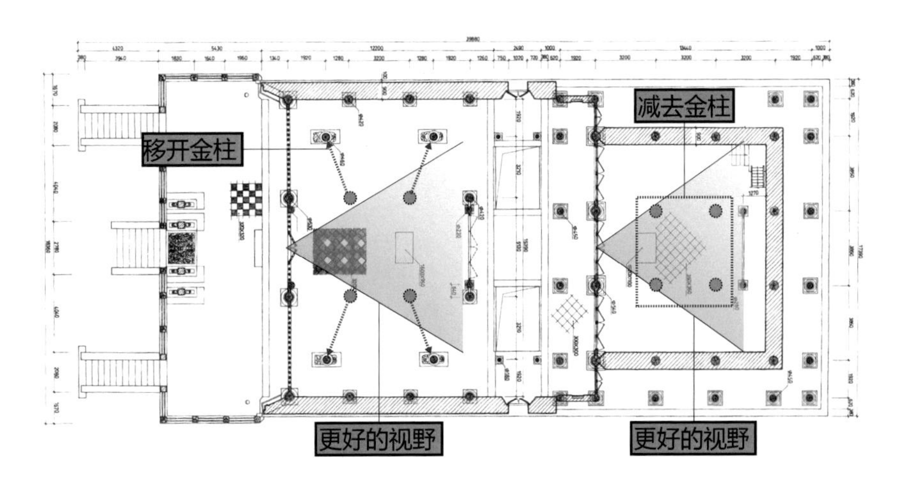

图 4-24 社旗赊店镇山陕会馆大拜殿、大座殿移柱、减柱造示意图

帝庙的斗拱上都比较常见，并成为其最显著的特征之一。此外，一些山陕会馆中还大量使用了解州关帝庙中较少出现的斜翘，极富装饰性，为会馆提供了更具民间气息的活力（图 4-26、图 4-27）。

A. 解州关帝庙

B. 洛阳潞泽会馆

C. 洛阳山陕会馆

D. 淅川荆紫关山陕会馆

图 4-25　各地山陕会馆纤薄的雀替和额枋

图 4-26　解州关帝庙斗拱

图 4-27　郏县山陕会馆斗拱

（四）建筑装饰

河东盐运古道上的关帝庙与山陕会馆不仅常常采用运城一带本源建筑文化中的意象，也会吸收各行盐地的本土文化，山西商人们兼容并包的营造理念，使得关帝庙和山陕会馆的建筑装饰兼具统一性和多样性。

在各个关帝庙和会馆中都能发现大量相同的意象，例如建筑群入口的蟠龙铁旗杆、琉璃照壁上的龙题材雕饰、主要建筑瓦顶上的方胜琉璃聚锦、大殿的狮子柱顶石、戗脊背上的“四小人”与龙头脊兽、正脊上的狮子宝刹等，这些元素在解州关帝庙都可找到原型，但各地会馆对它们却有不同的演绎，例如社旗赊店镇山陕会馆和洛阳山陕会馆的琉璃照壁上同样出现了“二龙戏珠”雕饰，但社旗山陕会馆的照壁上将“珠”替换为了“蜘蛛”，利用谐音使表达更加含蓄（图 4-28）。丹凤龙驹寨船帮会馆的建筑挑角上也出现了“四小人”与龙头脊兽，但形象与河东一带出现的已大有不同。除来源于解州的装饰元素外，盐商们还为会馆增加了更多民间元素，以戏楼为主的大量建筑上都出现了三国尤其是关公题材的主题雕刻，使得建筑形象更加秀美繁复。从发源地运城顺着盐道而行，关帝庙、山陕会馆建筑的民间气息愈加浓重，并发展出丰富多彩的新形象。

A. 社旗赊店镇山陕会馆　　B. 洛阳山陕会馆

图 4-28　两种二龙戏珠照壁

三、代表性山陕会馆与关帝庙分析

（一）解州关帝庙

1. 解州关帝庙的历史沿革

解州关帝庙有“武庙之祖”之称，据《中国名胜词典》所载，其创建于隋开皇九年（589年）。宋大中祥符（1008—1016年）年间，运城一带出现关圣“破蚩尤，盐池斩妖”的传说，关圣信仰更加深入人心，祠庙得以重建，因当时关羽封号为“崇宁至道真君”，故庙名为“崇宁宫”。之后元祐七年（1092年），知州张杲之又主持重修。此后，关帝庙又分别在金大定三年（1163年）、金泰和四年（1204年）、元泰定元年（1324年）、元至正二十五年（1365年）进行了较大规模的修葺，而崇宁宫在明代与关帝庙分离，成为道观，称东宫，作为关帝庙的附属。

明代河东池盐经济兴盛，作为河东盐商的精神家园，关帝庙也随之兴盛，盐商的活跃使得关圣信仰在官方和民间的影响力进一步扩大，明神宗朱翊钧封关羽为“协天大帝”，关帝庙即由此正式得名，其仅在明代就经历了十多次修缮、重建、扩建。嘉靖乙卯年（1555年），关帝庙毁于地震，建筑损坏，仅剩神像，次年重修，并于戊午年（1558年）完工，“于是为正殿五间，仍环以石楹，为寝殿者三间，东西为行廊者数十间”[①]。隆庆元年（1567年），午门得以重修，万历初年（1573年），麟经阁建立，“……麟经阁二十六楹，高九丈，翼以二楼，廊七十四……增东西门、钟鼓楼”[②]。至此关帝庙格局完全成型。万历四十八年（1620年），关帝庙主体建筑群前又增建牌坊、

① （清）张四维：《条麓集》卷二十四《解州重修汉寿亭侯庙记》。

② （清）马丕瑶修，张承熊纂：《解州志》卷十四，李维正《重修关圣祠记》。

莲池等，结义园的雏形形成。

明万历后至清初，关帝庙逐渐成为河东商人的聚集地，庙宇进一步扩大的同时也出现了管理纰漏，康熙四十一年（1702年），关帝庙毁于大火，次年重修，直至康熙五十二年（1713年）才恢复旧制。乾隆二十七年（1762年），解州知州言如泗主持修葺关帝庙，并将八卦楼改为御书楼，麟经阁前二楼改为刀楼、印楼，庙前整理景观，建结义园、功德祠。此后关帝庙又经多次修缮整理，加入了更多供奉的人物，但格局未有大的变化。

2. 解州关帝庙的布局特征

解州关帝庙的平面格局有一条南北向的主轴和平行于主轴的两条次轴，主轴上为祭祀关帝的主要建筑群，次轴上为曾经作为道观和客堂的东宫与西宫。主轴上从南至北又分为结义园、关庙、寝殿三部分。

结义园位于关庙主体之前，从山门进入后，北行依次有结义亭、君子亭、结义坊，建筑名称均取自刘、关、张三结义的典故。结义园建筑较少，以景观为主，是整个庙宇空间的前奏，作为从闹市区进入庄严肃穆的关帝庙的缓冲空间（图 4–29）。

关庙是建筑群最主要的部分，其空间格局由一条主轴和两侧的两条次轴构成。从结义坊沿着主轴北行最先看到的是琉璃影壁，之后由南向北依次有端门、雉门、午门、山海钟灵坊、御书楼、崇宁殿。两侧的次轴以景观和空间导向建筑为主，东轴上有文经门、精忠贯日坊、碑亭，西轴上有对应的武纬门、大义参天坊、钟亭。东西外围均有廊庑，并在崇宁殿和御书楼之间设有通往东西两宫的东华门、西华门。在武纬门、文经门外，有追风伯祠（供奉赤兔马）、部将祠（供奉关公部将）、鼓楼、钟楼等。主轴上空间节奏紧密顿挫，四龙浮雕的琉璃影

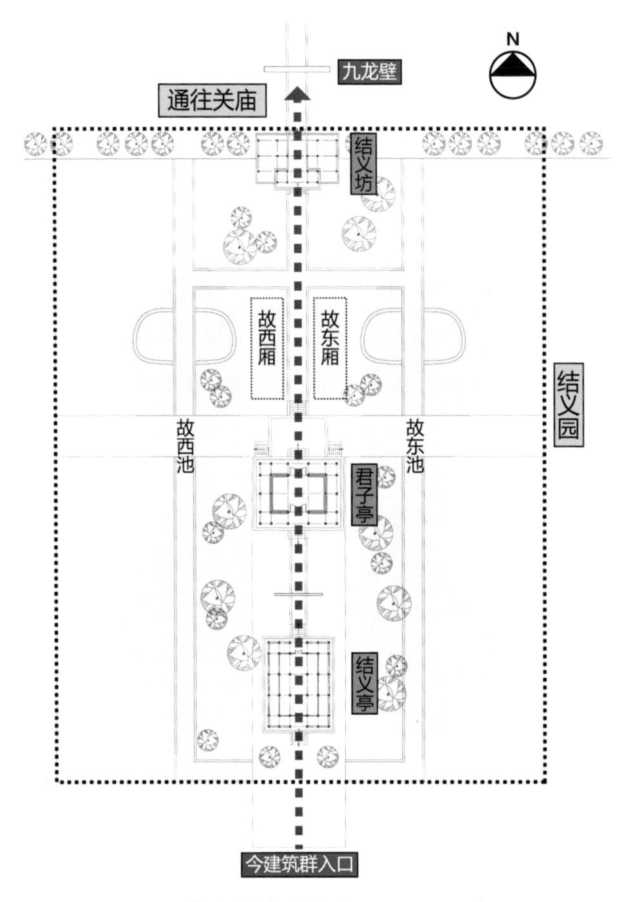

图 4-29　解州关帝庙结义园区平面示意图

壁庄严大气，将偏重自然的结义园与关庙区相分隔，而后的端门、雉门均为皇家建筑的规制，雉门同时可作戏台，作为主要祭祀空间的一部分，雉门两侧配祀与关公相关的人物和战马，民间传说色彩浓重，至此，空间主题由自然转为人。之后过了午门、山海钟灵坊后是御书楼，御书楼与之前的门、亭等建筑形制均不同，其建筑高耸挺拔，成为空间节奏的转折点，预示空间气氛的又一次改变。过御书楼后，是整个关帝庙最重要的建筑崇宁殿。崇宁殿建筑形制最大，是整个建筑群的空间高潮，空间主题在此由人格自然转变为神格，其营造出的庄严肃穆之感，增强了人们对关帝的崇敬之心（图 4-30）。

关庙区之后的寝殿部分延续了关庙区的轴线，在主轴上有气象千秋坊作为空间片段开始的标志，其后是麟经阁，作为崇宁殿之后的又一大空间高潮，同时也是寝殿的主要建筑。两侧次轴上有刀楼、印楼。原本在主轴上还有供奉关公夫人的娘娘殿，两侧有供奉关平、关兴等人的圣嗣殿，但均毁于战火，现不复存（图 4-31）。在麟经阁后有关帝御园，作为庙宇空间

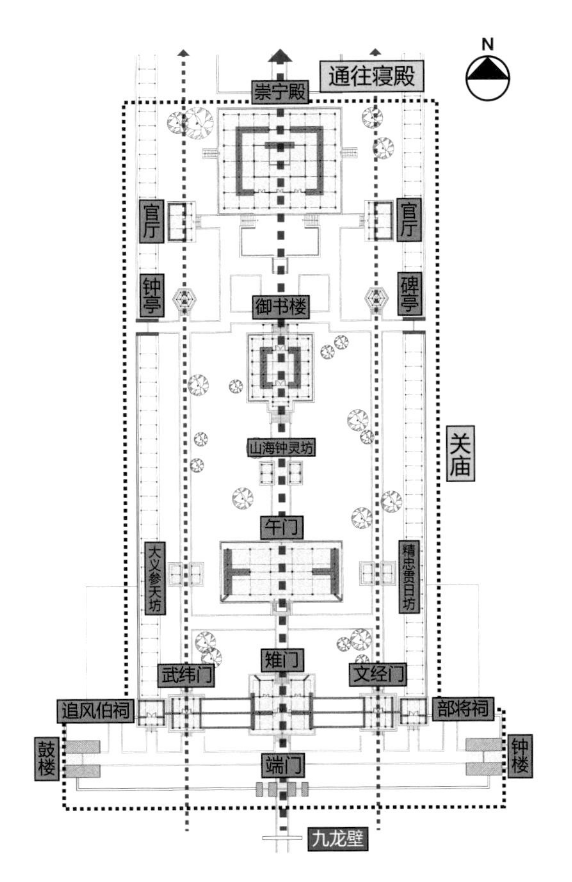

图 4-30　解州关帝庙关庙区平面示意图

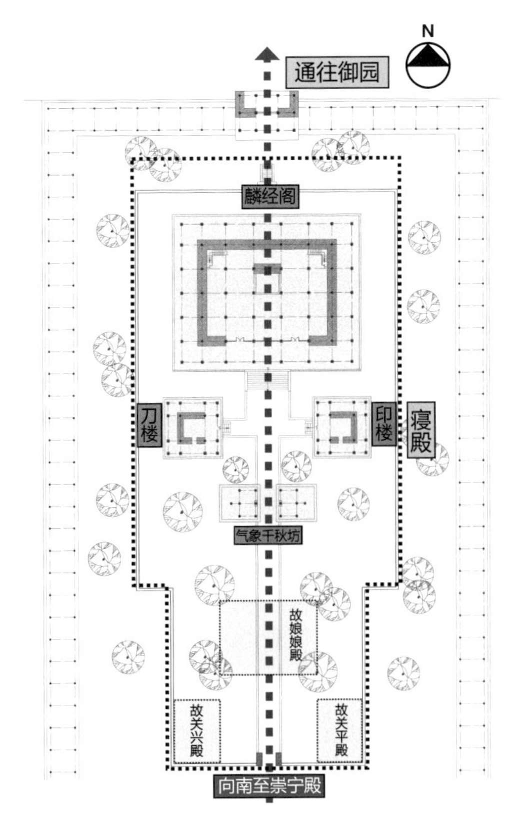

图 4-31　解州关帝庙寝殿区平面示意图

的结尾，气氛相对祭祀空间更加明快，并与南侧的结义园呼应，同时也象征着庙宇中神格空间向自然空间的回归。

解州关帝庙的格局严格对称，整体庄重严肃，空间主题按照自然—人—神—自然的顺序转变，使人处在整个庙宇空间中既能感受到神性的威严，又能感受到人性的丰满活泼和自然的野趣，这种张弛有度的空间组织模式使得关帝信仰更容易深入人心。因此河东盐商行走各地时，大多会借鉴解州关帝庙的布局，从中抽取空间片段与特色建筑，进行简化与重组，修建新的神庙与会馆。

3. 解州关帝庙的建筑特色

解州关帝庙的单体建筑匠心独运，不仅对庙宇空间节奏的形成大有裨益，还对其后全国各地众多关帝庙和山陕会馆起到了深远的影响。

结义园区域的建筑以结义亭和君子亭为主，体量较小，结构简洁，造型秀美，具有园林之美。以君子亭为例，君子亭为单檐歇山顶，面阔五间，进深四间，同样四面出廊，梁架简洁类似结义亭，檐柱柱顶设大斗，斗内十字华替，上架单步梁外端，不设斗拱，梁头雕饰同样以麻叶云为主（图 4-32、图 4-33）。明间两缝间为三架梁，当心设莲蓬荷纹大角背，角背上设瓜柱，并设叉手，瓜柱腰间穿横材，与叉手相连，并做云纹雕饰，柱头施丁华抹颏拱。两只瓦顶正脊大吻均雕小蟠龙，垂脊、戗脊则为龙头式。建筑整体秀美精巧，结构合理，兼具艺术美感。

关庙区域的建筑隆重庄严。首先是端门，端门全为砖砌仿木结构，无室内空间，面宽三间，明间凸起，三间均为歇山顶，五踩重翘斗拱，耍头雕饰题材以龙纹和卷草纹为主。瓦顶明间正脊大吻为龙尾，垂脊、戗脊兽为龙头，次间脊兽为龙头，戗脊上均有“四小人”题材雕刻。建筑虽体量不大，但造型稳重、气势磅礴（图 4-34）。

图 4-32 解州关帝庙君子亭

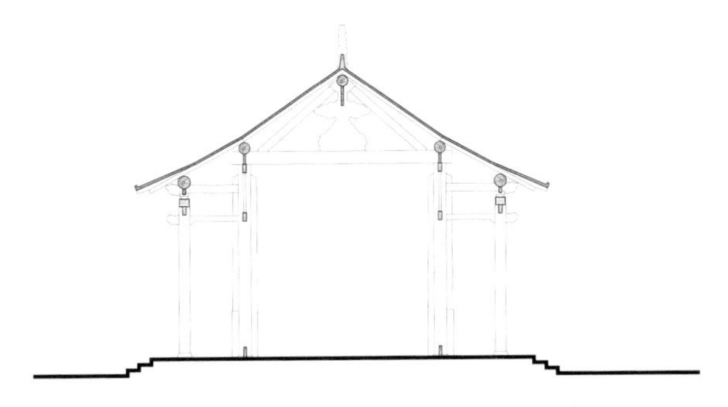

图 4-33 解州关帝庙君子亭剖面示意图

图 4-34 解州关帝庙端门

端门之后紧接着为雉门，雉门在古代是天子宫门，象征人间权力的顶端。随着关帝信仰的兴盛及关公封帝，关庙建筑规格也获得提高，甚至与皇宫建筑等同。雉门单檐歇山顶，面阔三间，进深两间，南北两侧地势存在高差，因此台基高度不同，北侧增筑抱厦三间，抱厦的台阶上盖上板可形成戏台，雉门在抱厦一侧的两次间中部均增加一柱，因此从北侧看去，雉门为五间格局（图 4-35、图 4-36、图 4-37）。雉门有纤细的额枋，上有通透镂空的雕饰，檐下一周有斗拱，均为重昂五踩，明间、次间均有三攒平身科斗拱，耍头多做龙头雕饰。建筑整体造型轻巧，装饰繁复华丽。

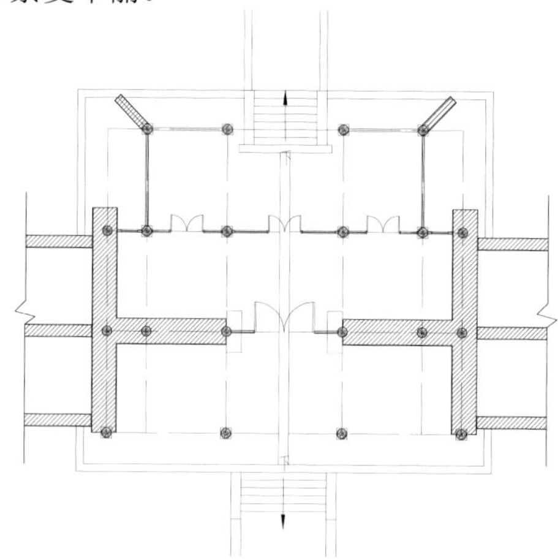

图 4-35　解州关帝庙雉门平面示意图

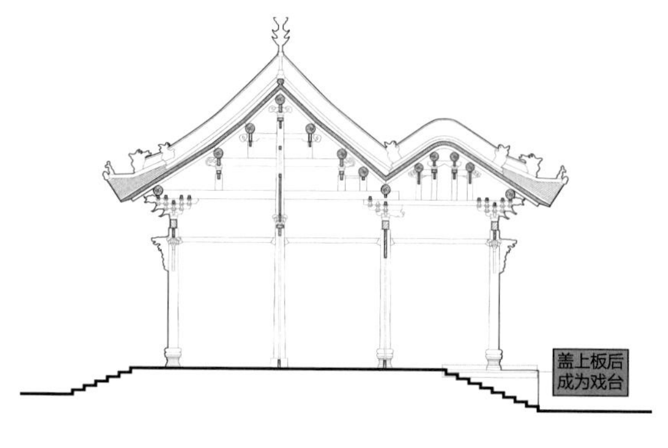

图 4-36　解州关帝庙雉门剖面示意图

图 4-37 解州关帝庙雉门南（上）北（下）两面

雉门之后的午门同样是帝王宫殿的组成要素，解州关帝庙午门为单檐庑殿顶，屋顶低矮、出檐平缓而深远。面阔五间，进深两间，明间稍宽于次间，但梢间却略宽于明间，梢间中柱砌垂直于山墙的石墙，山墙内无中柱，但另有二柱，形成三间（图4-38）。檐下有斗拱，三踩无昂，明间、次间、梢间均有三攒平身科斗拱，耍头做云纹。梁架结构简洁通透，用材经济、空间开阔、雕饰秀美。瓦顶正脊两端做吞口大吻，吻上做小蟠龙，当中做白象驮阁楼式宝刹。

图4-38　解州关帝庙午门

午门以北紧接着是御书楼，其为歇山屋顶，两层三檐，平面类似正方形。底层四面均为五开间，但四面出廊，楼身实际为三开间，南侧有抱厦。底层和二层的斗拱规格相同，均为三踩斗拱，耍头做云纹雕饰。底层各间平身科一攒，二层环廊收进，故无平身科，角科斗拱则均为交手拱。第三层檐下为五踩重翘斗拱。御书楼斗拱稀疏而厚重，装饰也较少，更具明代风格（图4-39）。

A. 御书楼内部结构

B. 御书楼正面

图 4-39　解州关帝庙御书楼

御书楼之后是整个关帝庙的主要建筑崇宁殿。崇宁殿为重檐歇山式屋顶，面阔七间，进深六间，明间较宽，次间、梢间、尽间宽度相同且窄于明间。其四面出廊，檐柱均为石制蟠龙柱，每根均由一整块石材雕刻而成，而前檐柱的盘龙雕刻较其他石柱更有立体感，雕刻风格粗犷大气（图 4-40、图 4-41）。前檐额枋与端门类似，做镂空雕饰，上承平板枋（图 4-42）。廊檐及二层檐下均施重昂五踩斗拱，耍头做龙头与云纹，昂首做卷头如意式，一层明间施平身科三攒，次间、梢间、尽间施二攒。二层斗拱排布与一层相同，只是减去了尽间。殿身梁架为九檩四柱式，内槽两金柱之间为五步梁，前后槽为双步梁（图 4-43）。双步梁上中间置瓜柱，承接单步梁，并施托脚。五步梁上置两大角背，承瓜柱，瓜柱上承三步梁。三步梁中设大角背，承脊瓜柱，并施大叉手。其整体风格古朴，与运城池神庙有相似之处。瓦顶正脊大吻为巨龙式，上部做蟠龙雕饰，脊刹为莲花刹座，上为狮子驮宝珠，两侧有八仙形象装饰，垂脊装饰则以麒麟、狮子、海马等为主，戗兽为行龙式，且有武士立于脊背，武士形象后世传为周瑜、庞涓、韩信、罗成四人，四人因“走投无路”只能立于屋檐。瓦顶中心亦做黄色方胜琉璃聚锦图。大殿体量巨大，严遵礼制，与之前的御书楼和午门、雉门、结义园形成明显的错落之感。建筑整体高大雄伟，用料考究，装饰风格粗犷与秀丽并存，使其主要建筑地位得以凸显，也使关帝崇拜在此深入人心。

图 4-40　解州关帝庙崇宁殿

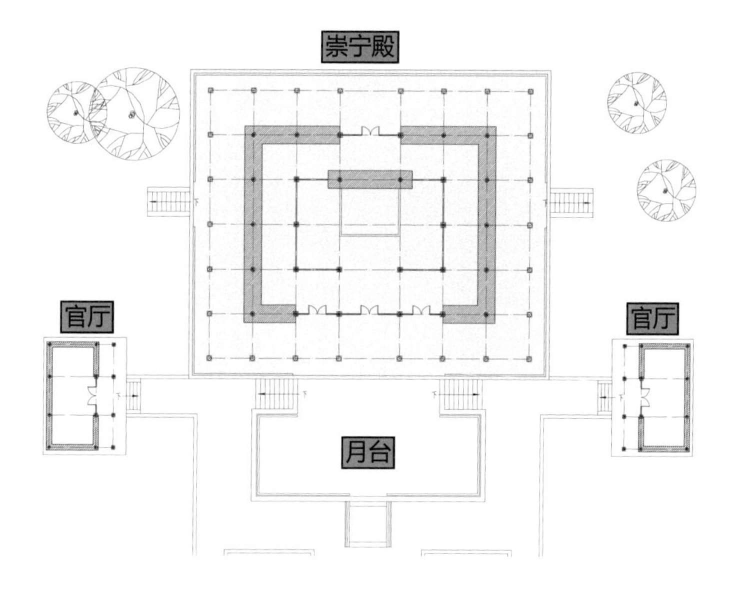

图 4-41　解州关帝庙崇宁殿平面示意图

图 4-42　解州关帝庙崇宁殿精美的建筑细部

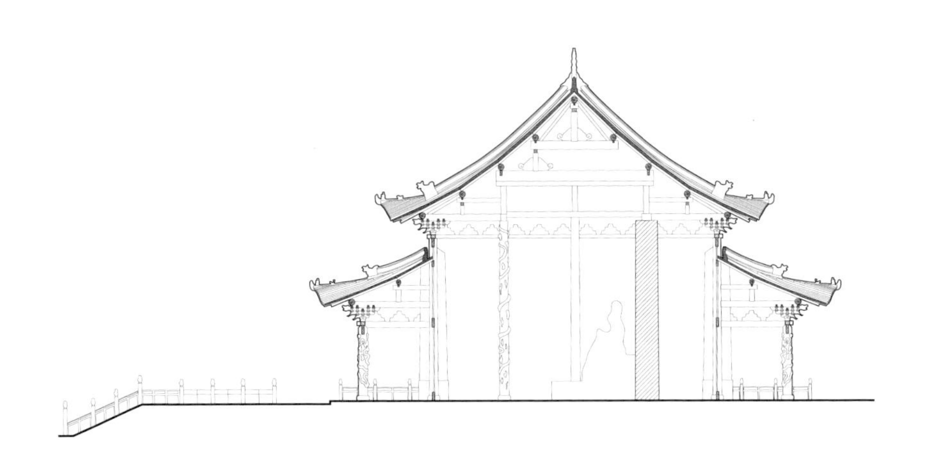

图 4-43　解州关帝庙崇宁殿剖面示意图

崇宁殿以北是寝殿，寝殿最主要的建筑当属麟经阁（图4-44）。麟经阁又名春秋楼，被山陕商人和各类瞻仰者认为是纪念关帝夜读《春秋》之处。其楼高二层，三檐，歇山顶，面阔七间，进深六间，四面出廊，明间、次间等宽，梢间、尽间开间依次减小，二层尽间收小，檐柱和金柱之间加设撑柱以安装格扇，因此二层较一层反而有更多的柱子。三层檐下均有斗拱，底层五踩重昂斗拱，耍头做龙头式，柱头科耍头两侧还有云纹雕饰；二层为三踩斗拱，柱头科耍头为龙头式，平身科为单幅云；三层又为五踩重昂斗拱，明间平身科为与柱头科类似的形制，龙头耍头，且仅为一攒，而其他平身科则较小，单幅云耍头，每间两攒。春秋楼较崇宁殿更高，但在用材、规模、气势上均不及崇宁殿，以至在庙宇空间形成又一高潮的同时，不至于喧宾夺主，同样符合礼制，并在纵向维度上延续崇宁殿神格空间的崇高感（图 4-45）。

图 4-44　解州关帝庙麟经阁

图 4-45　解州关帝庙麟经阁北的御园

解州关帝庙建筑在空间组织方式、建造技艺、装饰题材等方面都具有极高的成就，这些要素不仅使关帝信仰更具感染力，也潜移默化地影响了当地人的建筑审美与营造思路。浸淫在这种建筑文化氛围下的河东盐商在行走各地修建会馆时，对于故乡的思念自然流露出来，故乡的建造技艺与审美取向也因此随着盐运古道传播到各地。

（二）运城关王庙

为与池神庙中的关圣庙区分，运城关王庙古时被当地人称为“城中关圣庙”，位于今运城凤凰路北段，即古代运城的北街上，与曾经的运司隔街相望，可见其在城中地位极高。

关王庙始建于元代，明正德五年至七年（1510—1512 年）扩建，又于嘉靖三十四年（1555 年）毁于地震，万历二十五年（1597 年）在巡盐御史和河东盐商们的努力下得以重建。关王庙是河东盐商出发行盐途上的第一座关帝庙，当年的盐商们起运前都会来此祭拜关帝，祈求路途平安。

关王庙大致坐东向西，以中轴对称布局，在中轴上原本从西至东依次有山门、献殿、正殿、春秋楼，轴线两侧配有白马祠、部将祠、钟楼、鼓楼、廊房等（图 4-46）。作为运盐路线起点的关王庙功能相对单一，几乎仅作礼神用，而世俗商业活动功能较少，空间格局可粗略分为山门至献殿的前导空间、献殿至正殿的主要祭祀空间以及正殿至春秋楼的辅助祭祀空间（图 4-47）。庙中所供奉的神祇也相对保持了关帝信仰的神系，仅祭祀关帝和与他相关的部将、战马，而不似山西以外的多地关庙、山陕会馆会兼祀其他信仰体系的神祇。

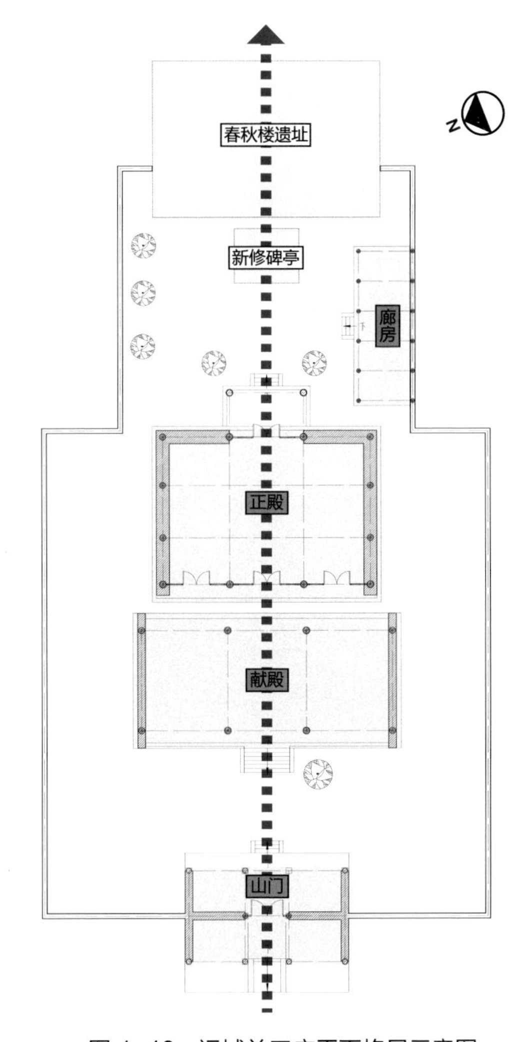

图 4-46 运城关王庙平面格局示意图

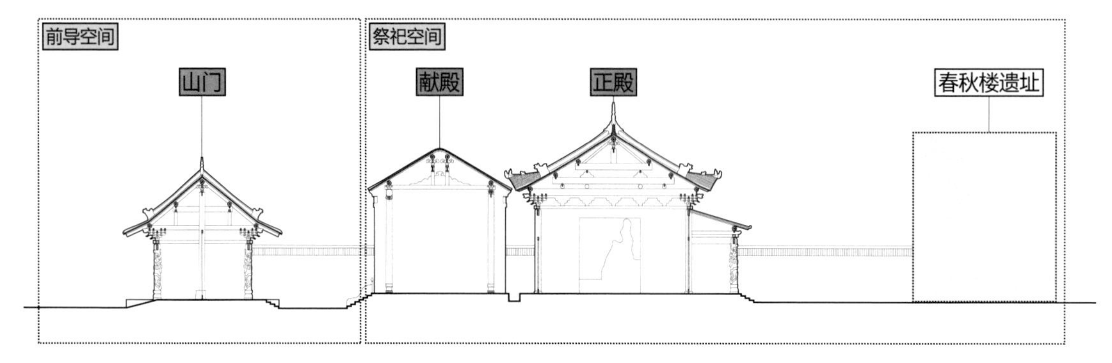

图 4-47　运城关王庙剖面格局示意图

关王庙与河东本源的建筑文化有着极高的相似度，风格沉稳厚重，并且崇尚古风。山门为悬山顶，五檩，面阔三间，进深两间，前后八根檐柱均为类似解州关帝庙崇宁殿所用的蟠龙石柱（图 4-48）。檐下施五踩斗拱，耍头做单幅云，除柱头科、角科斗拱外，明间、次间均施一攒平身科斗拱，其中明间平身科做斜翘。斗拱用材粗大，雕饰较少，为山门增添了厚重古朴的美感。

图 4-48　运城关王庙山门

山门之后的献殿为卷棚顶，面阔三间，进深四椽，采用了类似池神庙乐楼的移柱造，同时采用了减柱造，减去了前后檐四根檐柱，并将明间檐柱移动，将原本五开间改为三开间，获得了对正殿更好的视野（图 4-49：A）。檐下不施斗拱而施大斗，斗内施雀替以分担屋顶重量（图 4-49：B）。雀替、角

A. 运城关王庙献殿

B. 运城关王庙献殿梁架

图 4-49　运城关王庙献殿

背、月梁等构件的雕饰多为简单的云纹，四架梁上则有龙题材彩绘。

献殿之后为正殿，正殿为关庙中常见的歇山顶，面阔三间，进深三间，七椽，前檐与献殿后檐接近，四面均不出廊，但后檐出一间抱厦（图 4-50：A）。殿身柱子全为圆木柱，仅抱厦檐柱为蟠龙石柱。殿身檐下施五踩斗拱，耍头题材以龙和云为主，明间平身科为五攒出斜翘的斗拱连成的网状拱（图 4-50：B），次间平身科则为不出斜翘的五踩斗拱，角科斗拱出大量斜翘，昂嘴做繁复雕饰，斗拱用材较山门稍小，装饰更加华丽。瓦顶大吻、戗兽、脊兽题材均为龙，瓦顶正中做关帝庙中常见的方胜图案琉璃聚锦。整体建筑风格以沉稳为主，但兼具秀丽。

运城关王庙作为盐商行盐的起点，是盐池文化、关帝文化交流融合的载体，建筑布局经济而功能俱全，构件清晰多样而装饰粗犷简约，保留了较多河东复古的营造思路，在建筑构造和装饰题材上也有显著的文化融合痕迹。

A. 运城关王庙正殿背面

B. 运城关王庙正殿网状拱

图 4-50　运城关王庙正殿

（三）洛阳潞泽会馆

洛阳潞泽会馆位于洛阳瀍河西岸，南部不远就是洛河，坐北朝南。会馆始建于清乾隆九年（1744 年），由山西泽州、潞安二府的商人筹建，最初仅为供奉关帝的神庙，后改为会馆。泽潞商人是山西商人中重要的一支，主要经营盐铁，在明代开中制实施以后迅速崛起，这一群体本身信仰成汤大帝，而河东盐运的兴起使得关帝信仰深入泽潞两地，两地商人也因此在他们的会馆中供奉关帝。

洛阳潞泽会馆同样是中轴对称格局，中轴线上由南至北依次有悬鉴楼、石狮、大殿、春秋楼，轴线两侧配有钟楼、鼓楼、东西厢房、东西配殿（图 4-51）。由大殿、东西厢房、悬鉴楼围合的第一进院落较深，并以悬鉴楼北侧的戏台为核心，发展出大型观演空间，戏台表演在此既是礼神行为，又是娱人行为。第一进院落能容纳更多的人，且在院中对悬鉴楼的观赏视角远大于在池神庙院中对乐楼和在解州关帝庙院中对雉门的观赏视角，这是河东一带传统信仰空间与世俗空间融合演化的表现。第二进院落由大殿、春秋楼、东西配殿围合而成，进深远小于第一进院，氛围静谧庄重，是集中的礼神空间。大殿前的月台将第一进院观演空间的热闹氛围平缓地向大殿庄重的氛围转换，并促成了会馆中清晰的动静分区，使世俗与信仰和谐共生（图 4-52）。

洛阳潞泽会馆的单体建筑同样包含了运城一带建筑的特征，但也融合了其他地方的特色。悬鉴楼就是山门和戏楼的融合，对外是会馆的入口，对内则是会馆一般公共活动的中心，与解州关帝庙的雉门有相似之处，但戏台设在二层，并配有更广阔的内院，因此观演效果更好，为会馆带来更多市井活

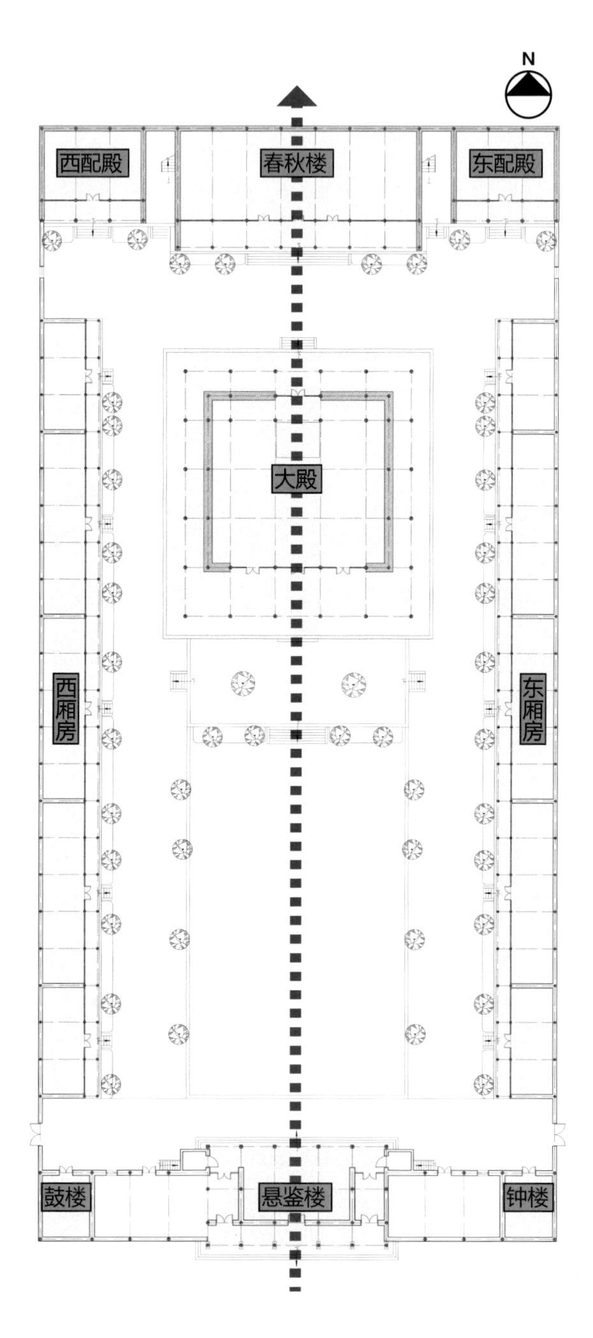

图 4-51 洛阳潞泽会馆平面格局示意图

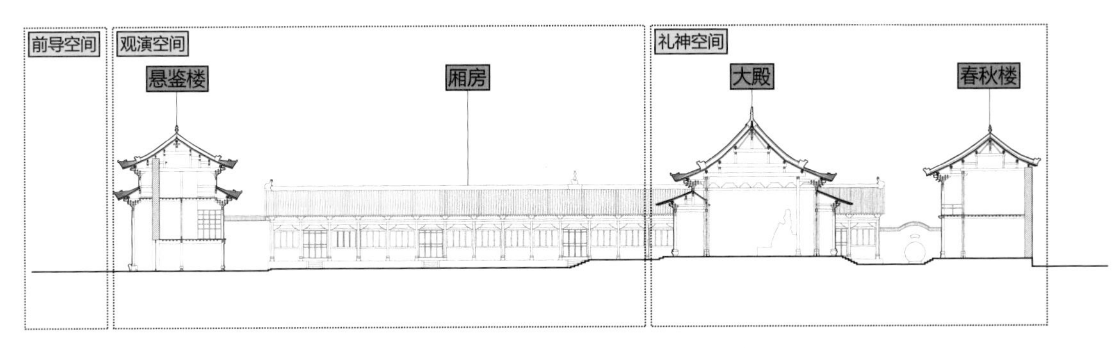

图 4-52　洛阳潞泽会馆剖面格局示意图

力（图 4-53）。悬鉴楼面阔五间，进深三间，一层为通道，二层南部一间为门楼，北部两间为戏楼，三层有阁楼。檐下做五踩斗拱，明间、次间、梢间均做一攒平身科斗拱，如同运城关王庙，平身科与角斗拱做斜翘增加装饰性，柱头科斗拱则无斜翘。

会馆的大殿为重檐歇山顶，面阔七间，进深六间，四面出廊。虽不似解州关帝庙有繁复雕饰的额枋，但檐柱上端的雀替雕成了类似的镂空龙形。两层檐下均施斗拱，斗拱用材小巧，

图 4-53　洛阳潞泽会馆悬鉴楼

除柱头科、角科外，每间均做一攒平身科（图 4-54）。一层为三踩斗拱，无龙头要头，平身科出斜翘。二层为重昂五踩斗拱，平身科出斜翘且要头做龙头雕饰，而柱头科造型则较为简洁，可见运城关王庙重视平身科斗拱装饰的做法在此得到了进一步演进。瓦顶大吻的龙题材、脊刹的狮子背驮宝珠题材在解州关帝庙亦可找到原型。

洛阳潞泽会馆作为河东盐运古道河南段上的一处会馆，相较于古道起点处的解州关帝庙和运城关王庙，建筑用材更细，建筑功能也更加侧重于民间的公共活动，礼神空间和世俗空间的占比产生了较大的变化。建筑装饰题材多与河东一带一致，但也融合了更多民间元素。

图 4-54　洛阳潞泽会馆大殿及其斗拱

（四）社旗赊店山陕会馆

社旗赊店山陕会馆位于河南南阳市社旗县赊店镇中西部，南面为镇中曾经最繁华的瓷器街，北靠曾经的盐商聚集地五奎厂街，东邻南北主街永庆街，占尽地利，足见当年山陕商人之豪气。会馆始建年代无定论，而春秋楼建于乾隆四十七年（1782 年），可知大约在此时山陕会馆的格局已完全形成。社旗赊店山陕会馆由行商至此的山陕商人筹建，最初亦为关帝庙，建筑群格局与建筑单体也都可见河东一带的特征。

社旗赊店山陕会馆的平面由一条南北向的中轴总领，但因地形原因，平面并不完全对称（图 4–55）。在中轴上依次有琉璃照壁、铁旗杆、石狮、悬鉴楼、石牌坊、大拜殿、大座殿、春秋楼，其中春秋楼已毁；两侧配有马厩、辕门、钟楼、鼓楼、东西廊房、药王殿（图 4–56）、马王殿，以及现已不存的春秋楼东西配殿。

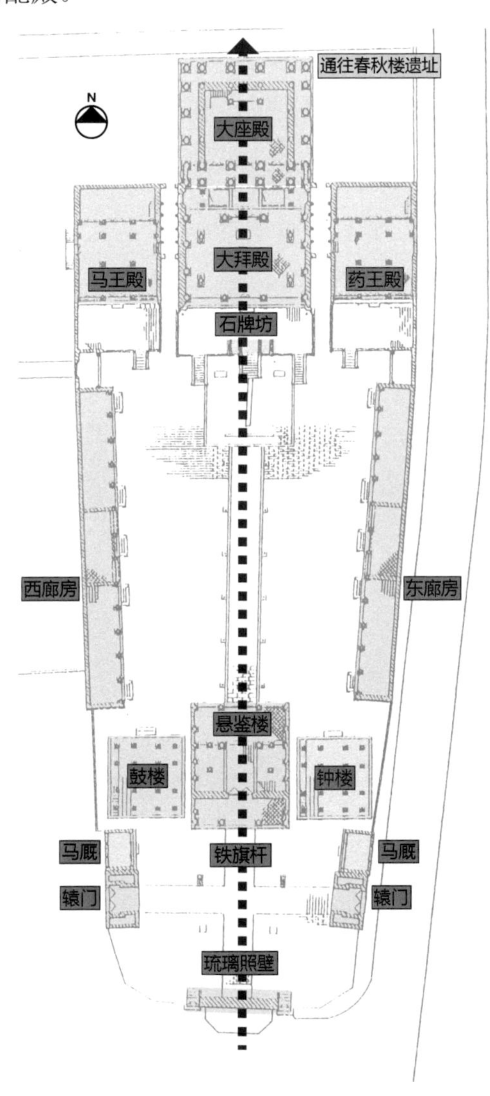

图 4–55 社旗赊店山陕会馆平面格局示意图

图 4-56　社旗山陕会馆药王殿

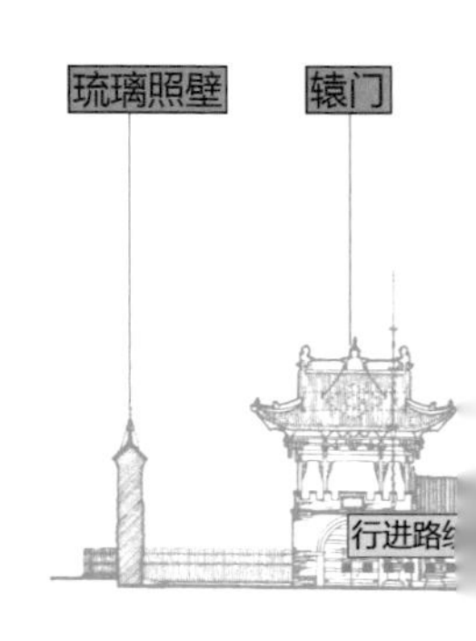

整个庙宇空间形成三进院落，第一进院落由琉璃照壁、悬鉴楼、钟楼、鼓楼、辕门等围合而成，院内配有铁旗杆、石狮等小品，空间较狭小，但透过钟楼、鼓楼和悬鉴楼底层的架空可以与第二进院落视线相连，由此形成了狭小但没有压迫感的前导空间（图 4-57）。

第二进院落由悬鉴楼、东西廊房、大拜殿等围合而成，院落进深远大于第一进院，且布局顺应了地形，院落形态从悬鉴

图 4-57　架空的鼓楼和悬鉴楼营造出通透的前导空间

楼到大拜殿呈发散状，由此形成了供观戏和其他公共活动进行的巨大开敞空间，并与第一进院的狭小产生极为强烈的对比，这种空间节奏的突然变化也使得大拜殿的观感更加震撼，无形中增加了关帝信仰的感染力。而走到大拜殿的月台处回望，则又能看到悬鉴楼不同于山门一面的戏楼一面，增加了空间体验的层次感（图 4-58）。

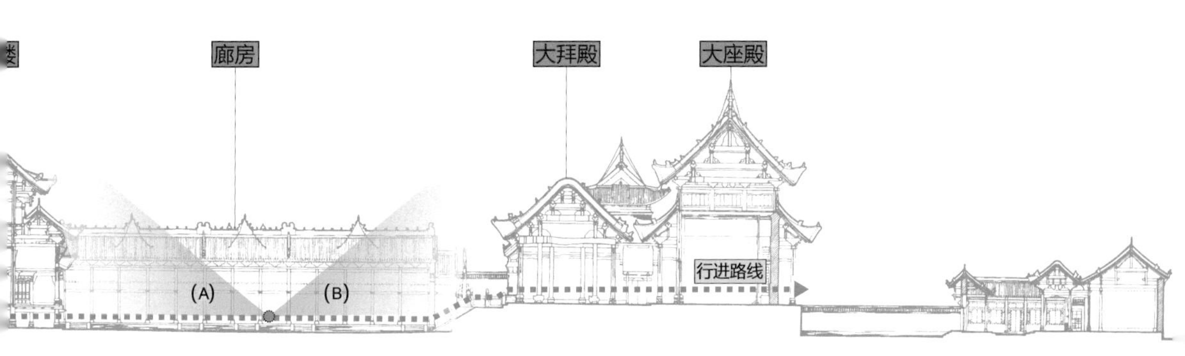

…的悬鉴楼

B. 朝北视角所见的大拜殿

图 4-58　社旗山陕会馆观演空间院落视觉与空间体验分析图

第三进院落由大座殿、春秋楼及其配殿组成，春秋楼和配殿已毁，但从现今遗址可以看出，这一进院落不同于运城关王庙和洛阳潞泽会馆那样狭小，而是与第二进院落大小相当，作为正殿后的又一大空间节奏的高潮，并形成安静庄重的祭祀空间，这种布局与解州关帝庙崇宁殿之后的寝殿区域非常相似。

社旗赊店山陕会馆作为河东盐运古道末端的会馆，其建筑风格较解州关帝庙、运城关王庙、洛阳潞泽会馆更趋于繁复秀美。悬鉴楼、大拜殿和大座殿的斗拱用材较细，除了常见的龙头耍头和昂嘴雕饰之外，柱头科斗拱也大量出斜翘，装饰性较盐道前段和中段的关庙、山陕会馆更强。大雀替、额枋均采用类似解州关帝庙的镂空雕饰，优美纷繁，而瓦顶脊刹除了狮子背驮宝珠题材外，还有大象、宝塔等题材，豪华精美程度较解州关帝庙有过之而无不及。建筑柱子梁架用材也偏细，但仍突显出河东一带崇尚古风的特征，例如大拜殿明间采用移柱造，将明间四根内柱移向四角，获得更开阔的室内空间，而大座殿则减去明间内柱，以获得更大的朝拜视野。在悬鉴楼的三架梁上施叉手，同样是来源于河东一带的复古做法。

第五章

河东盐运视角下的建筑文化分区探讨

陕、晋、豫三省的盐运分区在产盐状况、地理条件、运输能力、战争形势和政策等因素的综合影响下形成、演变，在明清时趋于稳定。河东池盐悠久的历史、集中固定的产地、相对稳定的销区，使得盐区内产生了以运城盐池为中心的河东盐文化圈，圈内长期存在的盐文化氛围也会对当地聚落与建筑产生潜移默化的影响。不同产区的盐，其发展历史、生产技艺、运销范围各有不同，承载的文化必然有所差异，盐销区之间的边界因此也成为不同盐文化传播的边界，这种基于地理条件与人的机动能力的区域性文化传播现象，具有促使建筑产生地域性特征的可能性。将盐运分区与建筑文化分区进行比较研究将有利于解读盐文化对传统建筑与聚落的影响，也能够进一步补充和修正部分建筑文化分区的论据，并对陕、晋、豫三省的聚落与建筑演化进行全新角度的阐释。

通常对建筑文化的分区往往基于地理因素，因为地理环境相对人文环境更为稳定，同一的地理环境内人们更倾向于使用同样的语言、从事同样的劳作、产生同样的信仰，进而出现相似的文化与技术。

王金平教授等在著作《山西民居》中将山西民居分为晋北、晋西、晋中、晋南、晋东南五类，其中晋北民居分布地主要包括明清时的大同、朔平、宁武府；晋西民居分布在临近陕西的黄河东岸，受陕西建筑影响较大；晋中民居主要分布于古代太汾地区；晋南民居是运城、临汾一带，即古代平阳、蒲州一带的民居；晋东南民居则指泽潞一带的民居。

陕西在地域上以秦岭和北山为界线分为陕南、关中和陕北三部分，而陕西建筑文化分区也往往依托于此，陕北主要为榆林、延安、绥德州一带，关中为渭河流域一带，陕南则主要为汉中、兴安、商州一带。

河南的地域划分主要依据地形地貌，分为南阳盆地和桐柏、大别山脉一带的豫南；黄河北岸太行山区的豫北；南阳盆地以北黄河南岸，伏牛山、崤山一带的豫西；黄淮海平原地区的豫中、豫东。河南传统民居建筑也常常以此划分分区。

以传统民居分区为例，比较陕、晋、豫的传统民居分区图（图 5-1）与前文三省盐运分区图（图 2-1），很明显可以发

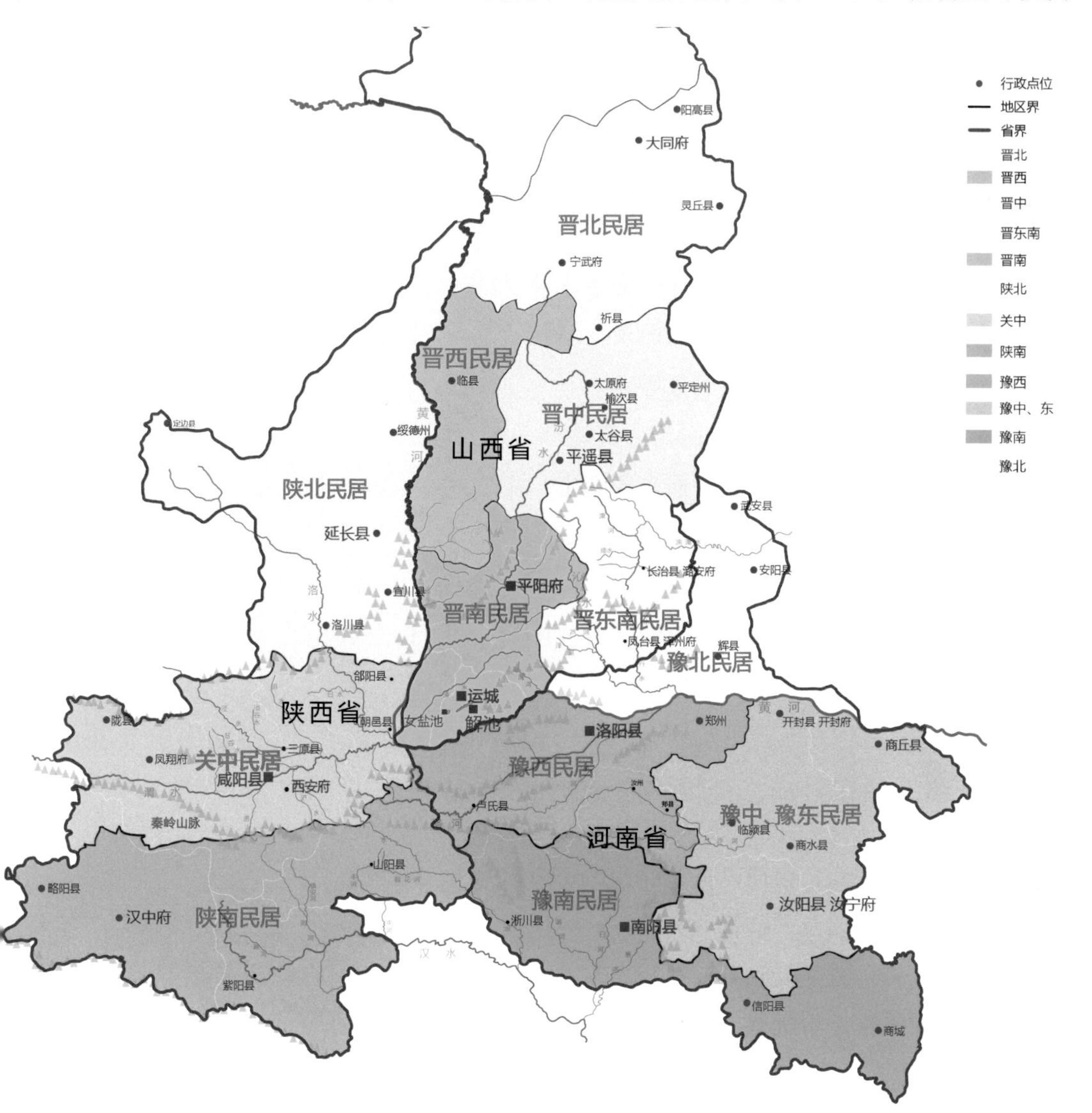

图 5-1 陕、晋、豫三省传统民居分区图

现河东池盐在山西的运销区域基本与晋南、晋东南民居分布区域重叠；而山西土盐生产销售的太汾一带正是晋中民居的分布地；清代的蒙古盐区则涵盖了晋北民居分布区。在山西，盐运分区与传统民居分区有较好的拟合度。陕北民居分布区基本包括了花马大池的盐销区，而花马小池盐销区与河东池盐销区的界线大致垂直于关中、陕南民居的分界线，但商州一带还有土盐运销，商业与文化活动复杂，汉中与汉水一带地理环境亦有不同，因此简单地把秦岭或是行盐疆界作为关中、陕南一带的建筑文化分界线精确度有所不足。河南豫西民居分布区的大部分及豫南民居的南阳盆地部分与河东盐销区基本拟合，同为豫南民居分布地的大别山脉一带则属淮盐区，但淮盐与河东盐在历史上都曾行销此地的汝宁府；豫北民居及豫中、豫东民居分布地主要为长芦盐区，仅小部分为山东盐区。河南传统民居分区与盐业分区大多有较为相同的分界。

运城一带作为河东池盐的固定生产地和关帝文化的发源地，有着充足的条件发展出独特的本源文化，并在当地的建筑中得以体现。而河东的建筑文化也随着盐商行盐传播到盐销区各地，并随着盐运逐渐发生演变。对河东盐区内外具有代表性的神庙、会馆建筑和一般民居建筑的演变进行梳理，可加深对建筑文化的传播、演变规律的研究。

一、河东盐区神庙、会馆建筑的演变

河东盐区的神庙、会馆以关帝庙和山陕会馆为主，还包括泽潞一带的汤帝庙以及一些行业会馆。这些建筑或是直接发源于运城盐池一带，或是受到了行盐商人审美的影响，进而与运城一带的建筑风格发生融合。

（一）建筑群格局方面

河东盐区的神庙、会馆大多为中轴对称的合院布局，但泽潞地区传统的神庙院落常常出现单院或仅有极小前院的两进院落，不似河东一带的多进院落布局。神殿也常常并置，主次区分较弱，例如泽州周村东岳庙的正殿和龙王殿、财神殿拥有相似的规模，主次仅体现在神殿位置和细部装饰上。泽州大阳镇汤帝庙正殿宽大，主祀的成汤大帝和配祀的释迦牟尼、太上老君并置（图 5-2），这种格局特征体现了当地民间信仰的包容性。因此当关帝信仰随着盐商行盐传入泽潞一带时，对其地建筑格局的影响体现在关帝庙的植入上，如泽州周村东岳庙中轴线西

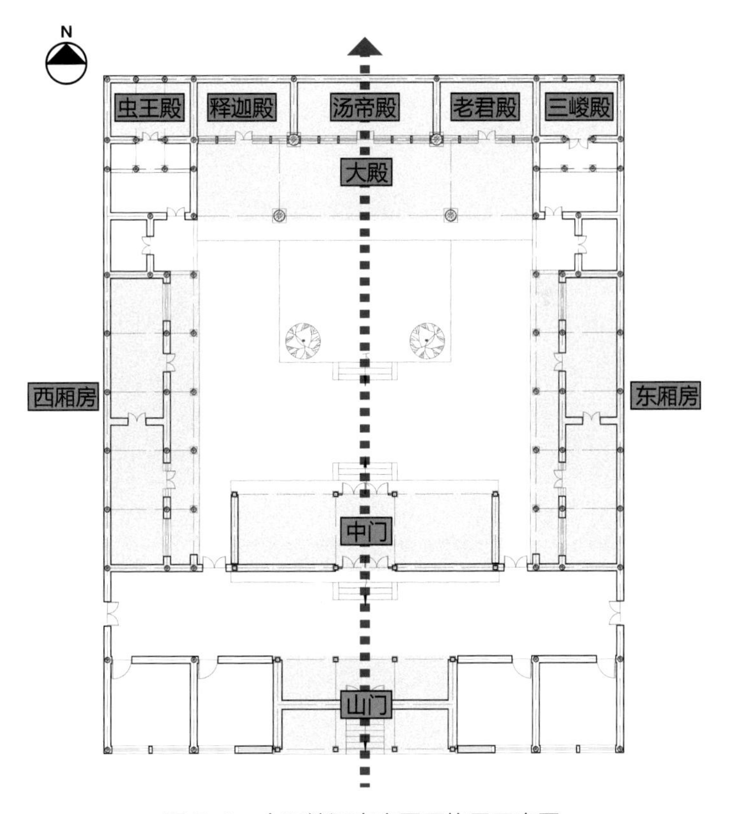

图 5-2 大阳镇汤帝庙平面格局示意图

侧由盐商修建了一座关帝庙（图 5-3），规制亦与正殿和原有配殿相近；阳城上伏村中的关帝庙则与成汤庙、夫子庙并列共存，名上伏大庙；阳城郭峪村中汤帝庙亦供奉关帝；在泽州大阳镇，盐商们未将关帝庙修入汤帝庙中，而是在镇中主街另一要地修建，但建筑格局受到了泽潞一带的影响，省去了春秋楼，仅由戏楼、厢房、正殿组成，形似简单的会馆（图 5-4）。

图 5-3　泽州周村东岳庙中的关帝庙

图 5-4　泽州大阳镇关帝庙正殿（上）和戏楼（下）

在山西以外的河东盐运古道上的聚落中，以山陕会馆为主的会馆数量较关帝庙更多。这些会馆的空间组织模式大多是对解州关帝庙空间片段的抽取和重组，但随着行盐远离河东，盐道会馆的格局在保留解州关帝庙的基本构造思路的同时，也逐渐受到市井文化的浸染与影响。在洛阳潞泽会馆、洛阳山陕会馆、郏县山陕会馆、社旗山陕会馆和丹凤船帮会馆，均可以看到戏楼（悬鉴楼）与正殿之间巨大的院落，这种巨大院落为盐商的商业活动和戏台表演提供了场所，是河东传统礼神空间与世俗空间融合的表现。在规模稍小的会馆中，正殿与春秋楼之间的院落空间受到压缩以确保戏楼观赏空间的充足。盐商们正是通过这种技巧既确保了礼神空间的私密与庄重，又提高了会馆的商业和公共活动效率（表 5-1）。

表 5-1 河东盐区部分神庙、会馆观演院落面积占总面积比值表

建筑名称	所在地	观演院落占比示意图（粉红色为观演院落所占整体的比例）	观演空间所占百分比
运城池神庙	山西运城		约 20%
解州关帝庙（关庙区）	山西运城解州		约 20%
洛阳山陕会馆	河南洛阳		约 55%
洛阳潞泽会馆	河南洛阳		约 55%
社旗山陕会馆	河南南阳社旗赊店		约 35%
荆紫关山陕会馆	河南南阳淅川荆紫关		约 35%
汲滩山陕会馆	河南邓州汲滩		约 35%

在盐道的最末端，例如淅川荆紫关和邓州汲滩等地，山陕会馆的构造产生了更大的变化，例如淅川荆紫关山陕会馆中轴线上的大门与戏楼分离，钟鼓楼的位置在大殿两侧，大殿与春秋楼之间还加入了中殿、后殿；汲滩山陕会馆同样是山门与戏楼分离，并在戏楼与山门间建马殿。这两处会馆中的建筑类型虽源于解州关帝庙，但建筑群布局与盐道前中段聚落中的关庙、山陕会馆已有较大差异。

（二）单体建筑方面

河东盐区各式神庙、会馆的单体建筑特征也随着盐道延伸而发生演变。在运城一带，建筑风格崇尚古朴，用材相对粗大，装饰相对简洁，整体建筑风格稳重庄严。移柱造、减柱造等柱网布置方法和拖脚、叉手构件常常被使用，颇具宋金遗风，这一特征在泽潞地区的各类建筑中亦有体现。而随着行盐南下，各类神庙、会馆的建筑风格趋向纤细秀美，例如洛阳和社旗的山陕会馆具有相较于河东一带更纤细的斗拱，出斜翘的部位也更多，斗拱的装饰性得到了极大的发挥。建筑结构方面，虽仍会采用减柱、移柱的手法，但拖脚几乎不用，三架梁上还有施叉手的现象。在盐道末端，建筑的屋檐也发生了巨大的变化，例如淅川荆紫关的山陕会馆（图 5-5）和船帮会馆（图 5-6）拥有更加上扬的挑角，屋檐下出现了荆楚风格的额顶替，建筑风格更偏向南方建筑的秀美（图 5-7）。

图 5-5 淅川荆紫关山陕会馆

图 5-6 淅川荆紫关船帮会馆

图 5-7 淅川荆紫关山陕会馆的额顶替

河东盐运古道上的很多建筑细部亦可从河东一带找到原型，这是因为行商在外的河东盐商从解州关帝庙中提取了一些典型元素，并将它们作为关帝庙和山陕会馆的典型特征，应用在泽潞一带、河南、陕西等地的关帝庙和山陕会馆建筑中。而这些装饰也随着远离盐产地而变得更加繁复。其中最为典型的装饰是龙头耍头。在郏县、社旗等地均能看到龙头耍头，甚至有将斗拱整个雕成龙造型的现象，极为精美。除龙头耍头外，瓦顶琉璃聚锦、铁旗杆、狮子柱础、兽头柱础、屋檐翘角“四小人”等也常常可见。但在同样的主题下，各地关帝庙、会馆也有不同的表现，且随着行盐地远离河东，出现了更加活泼、繁复的造型（表 5-2）。

表 5-2　关帝庙、山陕会馆各式构件演变一览表

构件名称	各地关帝庙、山陕会馆案例			分析
琉璃聚锦	 运城解州关帝庙	 洛阳关林庙	 社旗山陕会馆	琉璃聚锦是受关帝信仰影响而表现在建筑屋顶的典型装饰，各地出现不同的形象
狮子莲花柱础	 洛阳潞泽会馆	 社旗山陕会馆	 洛阳山陕会馆	解州关帝庙中并无狮子柱础原型，但在河东盐运古道上的山陕会馆中，这一形象频频出现

（续表）

构件名称	各地关帝庙、山陕会馆案例			分析
几形柱础	 泽州大阳镇关帝庙	 泽州周村东岳庙	 洛阳潞泽会馆	这一原型不来自运城解州关帝庙，而在泽潞一带常见，泽潞商帮的行盐活动将这一原型融入山陕会馆之中，并发展出了几形腿间雕刻兽头的形式
“四小人”	 运城解州关帝庙	 丹凤龙驹寨船帮会馆	 郏县山陕会馆	戗脊上的“四小人”武士形象原型在运城解州关帝庙就能发现，而盐道上的会馆大多采用这一装饰，但形象各异
斗拱	 运城解州关帝庙	 郏县山陕会馆	 社旗山陕会馆	随着行盐远离运城，神庙、会馆上的斗拱趋于纤细，且斜翘的使用从仅限柱头科增加到平身科也使用，斗拱上的装饰也有明显增加
脊刹	 运城解州关帝庙	 洛阳山陕会馆	 社旗山陕会馆	盐道上山陕会馆的脊刹大多可以在运城解州关帝庙找到原型，实力强大的会馆拥有更华丽的脊刹装饰

二、河东盐业建筑在其他盐区的演变

同样类型的建筑，例如发源于山西的关帝庙及其衍生的山陕会馆，传入其他盐区则会产生较大的变化，并与各地本土文化融合演变形成新的独特形式。而在河东盐区以外的盐商宅居无疑也会受到当地文化的影响，与河东盐区的盐商宅居大有不同。

（一）河东神庙、会馆在周边盐区的演变

山陕商人除经营河东池盐外，对川盐、淮盐、山东盐、长芦盐等亦有涉猎，并在其他盐区修建关帝庙或山陕会馆。这些神庙、会馆虽同样发源于解州关帝庙，但更多经过与各地文化的融合、空间重组和功能调整，发生了进一步演变。

首先是建筑格局的演变。其他盐区的很多关庙、山陕会馆的基本组成建筑与河东盐区的已有较大不同，因此空间组织也相应发生改变。例如川盐区的西秦会馆（山陕盐商会馆），采用了山陕会馆常用的中轴对称布局，建筑群空间分为由公共逐渐推向私密的三进院落，中轴线上依次是大门、献技楼（戏楼）、抱厅、参天阁、中殿、龙亭、正殿，两侧配有金镛、贲鼓二阁与客廨（图 5-8）。虽与河东盐区的山陕会馆一样兼具商业功能与礼神功能，但组成建筑差异很大，会馆中不再有春秋楼，正殿为主的祭祀空间之前出现了由抱厅、参天阁、中殿等新元素组成的过渡空间。第一进院落的公共活动空间也更为豪华，戏台两侧不再是简单的厢房，而多了金镛、贲鼓二阁作为东西向的空间节点，使得会馆内部更丰富华丽。

图 5-8　川盐区自贡西秦会馆抱厅（左）和金镛阁（右）

再如山东盐区的聊城山陕会馆，其基本格局虽类似河东盐区的大部分山陕会馆，由戏楼、正殿（关帝殿、火神殿、财神殿）、春秋阁三处主要建筑形成一动一静、一世俗一神明两大院落，但会馆中的商业功能得到了进一步演化。第一进院中的厢房演化成了两层的看楼，更加便于商人和群众议事、观戏。会馆中春秋阁的尺度受到进一步压缩，仅仅进深两间，且第一间为檐廊，与出后檐廊的正殿共同组成狭小的祭祀空间（图 5-9）。

又如淮盐区的亳州大关帝庙与聊城山陕会馆类似，将戏楼两侧的厢房改成看楼，但其公共活动空间进一步扩张，整个会馆只有一进巨大的院落，祭祀礼神空间完全被压缩在大殿，会馆的商业功能成为主要功能。

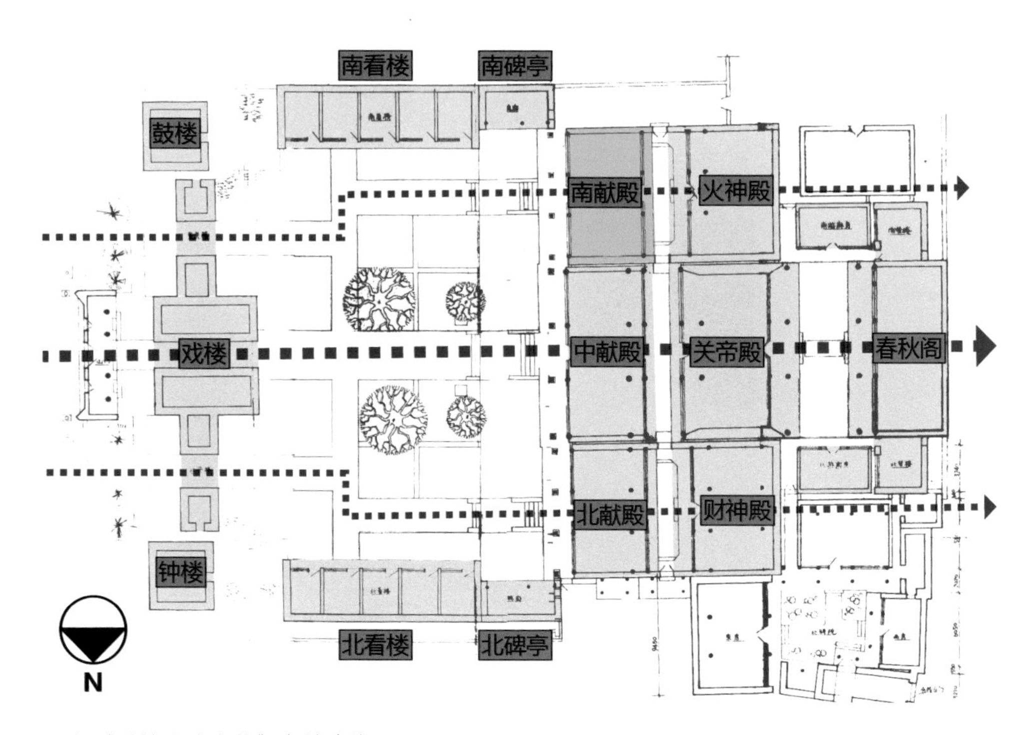

注：据《聊城山陕会馆》资料改绘。

图 5-9　山东盐区聊城山陕会馆平面格局示意图

其次是建筑形式的演变。山陕会馆和关帝庙进入其他盐区后，对于商业功能和华丽装饰的追求在建筑构造上亦有所体现。例如川盐区的自贡西秦会馆的大门表现出四柱七牌楼的形态，歇山屋顶下挑出十二飞檐翼角，极为飘逸华丽；献技楼高四层，除了有河东盐区山陕会馆通常所具有的一层通道和二层戏楼外，还有三层大观楼和四层攒尖，形象高耸，飞檐张扬（图 5-10）。山东盐区的聊城山陕会馆亦采用牌楼式山门，四柱三间，上有六层如意斗拱托琉璃瓦顶，极为豪华，牌楼两侧配有八字墙，上书“精忠贯日”“大义参天”，均来自解州关帝庙中的牌坊名（图 5-11）。

图 5-10　川盐区自贡西秦会馆山门

图 5-11　山东盐区聊城山陕会馆山门

最后是建筑细部装饰的演变，在河东盐区外的山陕会馆中常常能看到更加繁复的建筑装饰，木雕、砖雕在建筑的各个部分随处可见（图 5-12），斗拱、雀替、额枋、屋脊等部分的建筑装饰相较河东盐运古道中段的关庙、山陕会馆更加复杂华丽（图 5-13）。

图 5-12　淮盐区亳州大关帝庙戏台

图 5-13　山东盐区聊城山陕会馆斗拱与额枋

（二）河东盐商宅居与周边盐商宅居的比较

经营不同产区食盐的盐商，其宅居亦体现出不同的特征。例如，淮盐区的盐商在修建宅院时相较于防御性更加注重营造建筑的意境，其常常结合天井造景，并多使用游廊等灰空间沟通室内与自然，建筑材料中木材的使用比例较河东盐商宅居明显增加。山东盐商宅居与河东盐商宅居有较大相似处，例如二者均在入口空间利用厢房山墙面作为影壁，并装饰以砖雕，以及采用抬梁式结构等。但山东盐区的盐商住宅更多吸收了淮盐区的建造技艺，梁架上不多用叉手、拖脚，厢房、正房均更多出廊，在平面布局上也学习了淮盐区常见的宅园一体的构图思路，故其虽与河东盐商宅院尺度相似，但却较之更加活泼（图 5-14）。

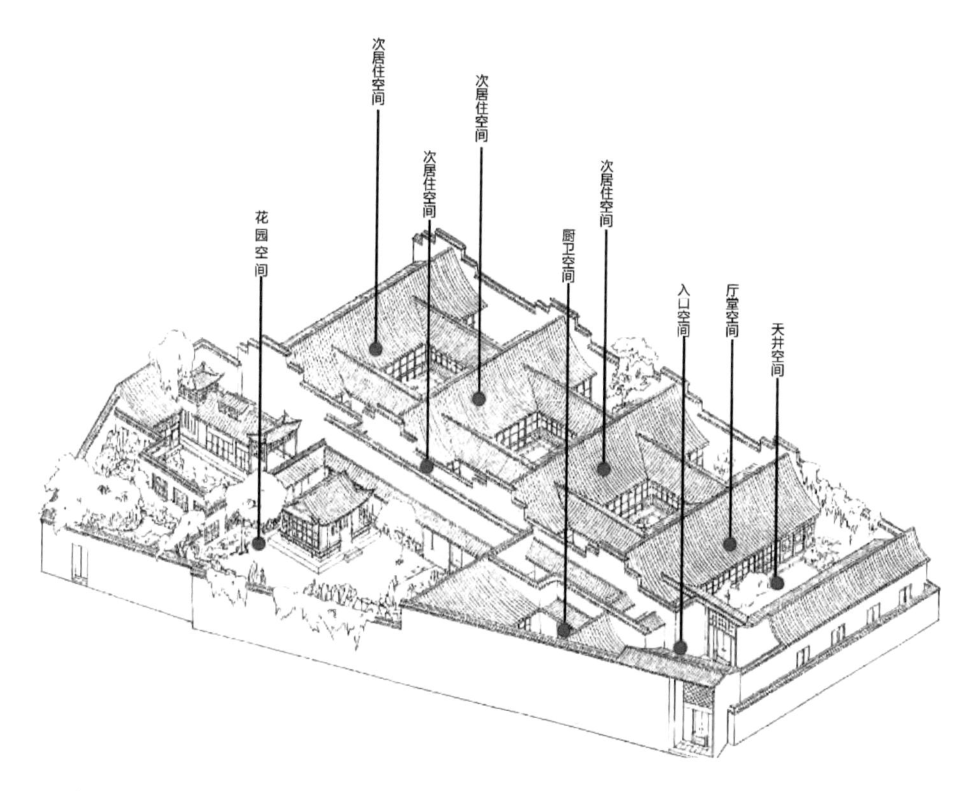

注：图片来自张晓莉，淮盐运输沿线上的聚落与建筑研究[D].武汉：华中科技大学，2018.

图 5-14 淮盐区盐商魏次庚宅居格局图

通过对比河东盐运古道沿线的关帝庙和山陕会馆这两类典型的盐业相关建筑与解州关帝庙，可见这两类建筑的空间组织方法与建筑风格都借鉴了解州关帝庙。首先，顺着盐运路线分析各关庙、会馆演变特征，可知它们在保留了解州关帝庙基本要素的同时逐步趋向商业化；之后将比较研究的范围扩展到淮盐、川盐、山东盐等盐区，发现其地这类建筑风格更加繁复，很显然是受到当地盐区地域文化的巨大影响，与河东一带的古朴稳重相差甚远。除了关庙、会馆外，上文同时也对不同盐区的盐商宅居以案例的形式进行了简要的比较研究，也可看到盐文化在其宅院营建中的影响。

结语

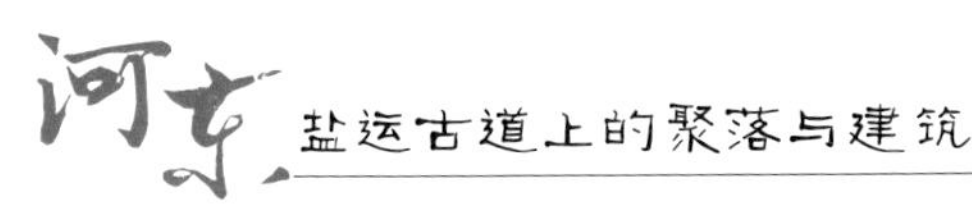

河东盐池为中原文明的出现与发展做出了重要贡献，借助于河东盐运古道，以山陕商人为主体的河东盐商长达数千年的经商活动也带来了河东地域文化和建筑技术的传播。他们在盐道经过的各处聚落修建关帝庙、山陕会馆、宅居等建筑，并影响着当地聚落的形态。同时，这些具有强烈河东盐文化烙印的建筑也随着行盐线路的延伸而受到各地风俗文化的影响，具体表现为河东盐运古道末端和周边盐区的山陕会馆的构图和建筑形象与运城一带及河东盐运古道中段的差异较大，且具备更多不同的地域特征和建筑要素，如建筑的商业空间增大而礼神空间缩小等，因此以河东盐运作为视角，以盐运线路作为线索，将跨越陕、晋、豫三省的盐业聚落和建筑进行系统研究具有重要学术价值。

在研究的过程中，笔者深感河东盐文化在古代之包容、独特、强大，河东盐区出现的诸多关帝庙、山陕会馆、盐商寨堡正是其兴盛的重要标志，但随着河东盐业在清代的衰微，繁盛一时的盐运聚落多已沉寂，一些盐商宅居仅余残垣断壁，也鲜有人知这些关帝庙和山陕会馆曾经的辉煌及其背后的河东盐文化底蕴，真是令人不胜唏嘘。希望本书的研究能够增强围绕河东池盐的各项研究的关联性，进一步推动河东盐文化、建筑文化的发展。

附录

附录

河东盐区部分盐业聚落图表①

☆标注表示产盐聚落，其余为运盐聚落

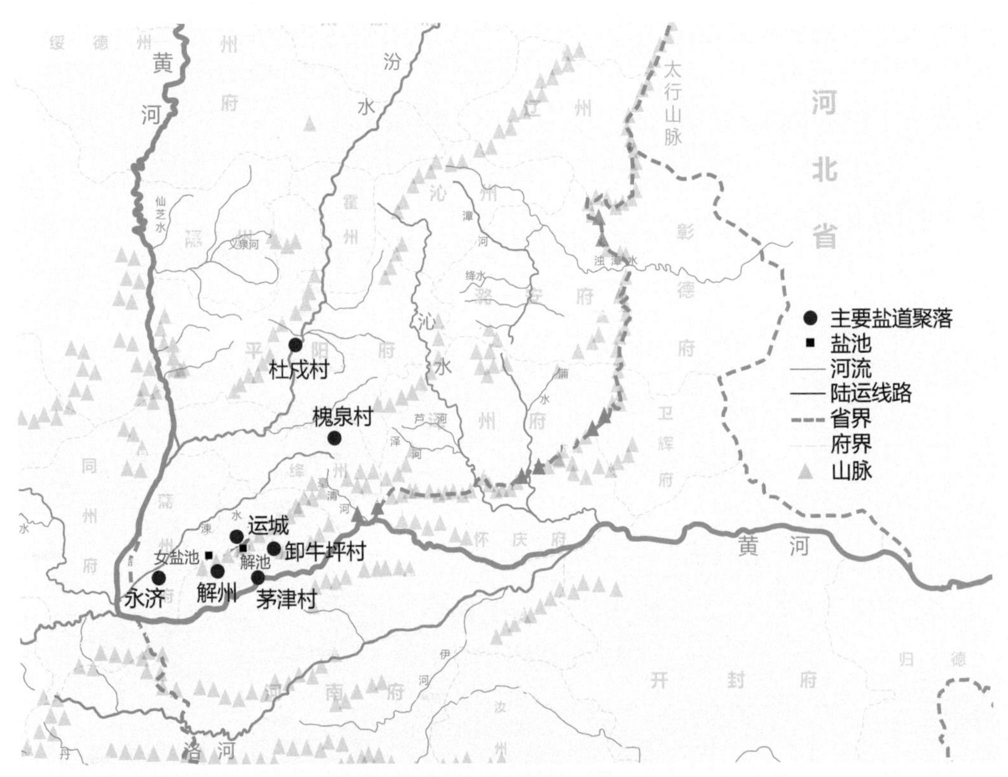

河东盐区部分调研聚落位置示意图

① 本图表仅呈现了笔者团队在河东盐区所调研的部分有代表性的盐业聚落。

河东盐区部分盐业聚落表

<table>
<tr><th>名称</th><th>地域特征</th><th>聚落图照</th><th>聚落简介</th></tr>
<tr><td colspan="4">山西西南部</td></tr>
<tr><td>☆运城</td><td>古称“河东”，位于山西西南部，北有吕梁山，南有运城盐池，靠中条山。向西可往永济市过黄河前往陕西，向南可从平陆过黄河至河南</td><td>
运城盐池神庙

运城盐池

运城关王庙</td><td>运城（今运城市盐湖区）一带自古是河东池盐的生产与管理中心。运城原为解州、安邑之间的路村，河东池盐在安邑的东池和解州的西池产出后皆在路村发运。路村在元仁宗时期由村改为镇，名“圣惠镇”，真正建城始于元末那海德俊任盐运使的时期，那海德俊在任期修筑了凤凰城，又因盐运司在此地，所以圣惠镇改称运城。运城布局呈中轴线对称，盐运司、关帝庙、察院等重要建筑分布于轴线两侧，除官署建筑外，另有厚德、永丰、贤良、甘泉、荣恩、宝泉、和睦、里仁、货殖九坊，供商民贸易之用。运城由盐运集散地到盐务管理机构驻地再到城市的演变过程，正体现了其因盐而生的特征。运城现存盐业古建筑有池神庙及盐商筹建的关王庙等</td></tr>
</table>

（续表）

名称	地域特征	聚落图照	聚落简介
☆运城解州镇	古称“解梁”，位于今运城盐湖区西南约15千米处，西临硝池	 解州关帝庙	解州临近的硝池及周边小池在清代以前也是重要的河东池盐产地，解州同时还是关羽故乡，是关帝信仰的发源地，行走各地的河东盐商所修的关帝庙与山陕会馆原型皆为解州关帝庙
永济	古称“蒲坂”，位于山西运城盆地西南角，是古代连通山陕的重要渡口蒲津渡的所在地	 蒲津渡遗址铁牛	古云“尧都平阳，舜都蒲坂，禹都安邑”。永济位于陕晋豫交界之处，又临近盐池，在古代战略意义重大。河东池盐发往陕西的部分会运往永济蒲津渡下码头或黄龙镇装船，走水路过黄河，再经渭水西运至咸阳、西安等地
平陆张店镇卸牛坪村	位于平陆县以北，运城盐湖区西南的中条山腹地	 虞坂古盐道	河东池盐在运城生产掣验后，发往河南洛阳的盐必经平陆虞坂古道至茅津渡过黄河，这条运盐线路一直用到1937年，而卸牛坪村是虞坂古道的终点

（续表）

名称	地域特征	聚落图照	聚落简介
平陆茅津村	位于平陆县城南4千米处，西南为黄河，与河南三门峡隔黄河相望	茅津渡遗址	河东池盐运往河南，其线路有二，为灵宝线和洛阳线，其中洛阳线的盐即在茅津村南的茅津渡装船。《平陆县志》载，茅津地当水陆要冲，晋豫两省通衢，冠盖之络绎，商旅之辐辏，三晋运盐尤为孔道。茅津渡在春秋战国时期即形成渡口，与风陵渡、大禹渡并称黄河三大古渡，茅津村也曾因此而商业繁荣
绛县槐泉村	位于绛县县城东北部，西靠绛山，村东为农田，地势由西向东降低	槐泉村民居	村落格局呈鱼骨状，民居多为四合院，靠绛山有窑洞民居，建筑材料主要为砖、木、土。槐泉村王家自道光初年（1821年）起作为河东池盐坐商历百余年，在盐池中占有五步、六增、范林、后火洲、丁光荣五个盐场，鼎盛时期在绛县有地上万亩，在槐泉村曾修有中宪大夫府
洪洞杜戌村	位于临汾盆地北部洪洞县西南、汾水西岸，东有霍山、西有吕梁山脉	杜戌村永乐堡	该村地处河东池盐向北运往灵石的路线附近，村中现有盐商董家留下的永乐堡遗迹。任复兴在《董寿平传》中记载：洪洞董氏的始祖董重仁明中叶来洪洞定居务农，至五世祖董珩在运城做皮革生意，经营马鞍子之类，渐至“中人产”。第六世董修业时，家业渐起，成了河东的盐商

（续表）

名称	地域特征	聚落图照	聚落简介
山西东南部			
阳城上伏村	属阳城县润城镇，古名河阳，西南有沁河，东北部有山	上伏村鸟瞰图	上伏村位于泽州—翼城古驿道上，是古代晋商的重要通商节点，北方的太谷、榆次商人沿沁水而下，经此进入泽州，并从太行陉进入河南，东西向的运城、闻喜、翼城以及晋城等地商人经营盐铁业也必经此处。整个村落呈现以商道三里龙街为主干的带状格局，龙街两头以及垂直于龙街的巷尾均曾设有拱券门。村落建筑以院落为主，临龙街布局紧凑，多为单个院落，前店后宅，巷中有院落组团，呈现棋盘院、串院等形态，民居建筑与村落格局均表现出防御性
长治中村	中村位于长治北部郊区，附近有白陉古道、平阳—潞州道、潞安—邯郸道、河南—晋阳道等古代通道	 中村申家大院鸟瞰图	中村交通发达，村中有长治盐商申家的大院遗址。长治申家经营醋行起家，后在中村占有铁矿，且有采矿—冶炼—销售完整的产业链，于明正德年间开始经营盐铁贸易，即将家乡的铁制品与粮食用骡马运至平阳府售卖，再买入河东盐带回转售。除醋与盐铁业外，申家还经营潞绸、潞麻、茶叶、布匹、棉花、榨油、当铺、客栈、皮革等产业，其当铺在西安、河南、河北、临汾均有分店

（续表）

名称	地域特征	聚落图照	聚落简介
阳城郭峪村	属阳城县北留镇，位于阳城县东一条南北向山谷中，山谷中有樊溪流过，村落主体在樊溪以西	郭峪村鸟瞰图	郭峪村建村最早可追溯至唐朝，但直到明代实行“开中制”后，将盐铁业放归民营才使得郭峪村极大地发挥其交通与物产优势，当地居民以及渴望致富的外地人都大量汇入这个位于河东盐运要道又盛产煤铁的村中，经营盐铁生意与居间贸易，良好的包容性使得郭峪村迅速富裕，发展成为较大的杂姓村。村落经济发展必然带来安全性需求的增长，尤其是明朝末年战乱频发，郭峪村为抵抗外袭，于崇祯八年（1635年）在乡宦张鹏云与富商王重新的带领下修筑城墙，不满十月便竣工，今日的郭峪村寨堡格局与蜂窝城（城墙上设有炮孔，形似蜂窝）便是自当时始
泽州周村镇	位于泽州县西部华阳山脚下，原名长桥镇，西接阳城、北临沁水，泽州—翼城古驿道穿过其中	周村镇鸟瞰图	周村自古便是商业重镇，又因地处泽州要冲，历史上也曾修筑有城墙，构成村落边界，现已不存。周村镇格局以东西向商道为主街，南北向的巷垂直于主街长安街，呈现鱼骨状；民居多为四合院，格局与建筑保存较好。明清时期周村镇煤炭、冶铁业与手工业发达，又位于翼城—泽州—河南卫辉府的东西向重要商路上，商人既可将此地所产铁向西运往河东销售，再带回河东盐销售，又可向东从太行陉、白陉前往河南，参与长芦盐贸易

（续表）

名称	地域特征	聚落图照	聚落简介
泽州大阳镇	位于泽州县西北部，古称阳阿，为古代阳阿县治所，有阳河从镇南流过，镇中各村沿河东西向排列	 大阳镇鸟瞰图	歌谣“东西两大阳，南北四寨上，沿河十八庄，七十二条巷”是对大阳镇繁华过往和街市格局的高度概括。大阳镇拥有北方最大的明清古建筑群。大阳镇有“九州针都”之称。在销售铁针的同时，商人亦会运回河东池盐销售，据大阳镇关帝庙石碑记载，盐行与当行资助了关帝庙彩画的修缮，从中亦可见泽州一带的盐铁贸易之盛。大阳镇建筑以“四大八小”为主，也有棋盘院、八卦院
高平良户村	位于高平市西部17公里，北靠凤翅山，南临双龙岭	 良户村鸟瞰图	良户村是白陉古道上的聚落，也是河东池盐的行盐地，历史上商业发达，现村落格局保存较为完整，村中建筑以四合院为主，保留大量石雕、木雕、砖雕，村中还遗存有一处关帝庙

（续表）

名称	地域特征	聚落图照	聚落简介
长治上党荫城镇	位于长治市南部上党区，地处上党盆地南端，背靠雄山，陶清河与北河从古镇东西两侧流过	荫城镇鸟瞰图	荫城镇是长治的冶铁中心，从秦汉时期便以冶铁闻名，有“千年铁府”之称，荫城处在上党山区之中，本因土地贫瘠而人迹罕至，但荫城所产好铁带动了地方经济与贸易，促使了泽潞商帮的诞生，明清时期泽潞商人带着荫城铁，或向西前往运城参与河东盐铁贸易，或向东通过白陉去往河南等地销售。荫城镇现存格局以南北向的大云路和东西向的大云路东街、大云路西街、大云路老东街为主骨架，民居以四合院为主，在大云路老东街上留存有较多明清老字号店铺，多为铁店
河南西部			
三门峡会兴镇	位于三门峡市东北部，北面黄河，与平陆县茅津村相望	会兴镇老街	会兴镇原为蔡氏聚居的蔡家庄，明代商业发展迅速，因有渡口，客商往来频繁，蔡家庄规模逐渐扩大，在清代嘉庆年间名“会兴头”，同治年间名“会兴街”。河东池盐运往河南的部分大多走洛阳线，池盐在茅津渡装船下黄河后在会兴镇的会兴渡起岸，进而过硖石关运往渑池、洛阳，再分发各地

（续表）

名称	地域特征	聚落图照	聚落简介
洛阳	位于黄河以南，伏牛山北，伊河、洛河从中流过	洛阳山陕会馆	洛阳在历史上不仅常作都城，也因作为南北经济往来的交通节点而成为重要的商业城市。洛阳是河东池盐行销河南的重要转运节点，盐运和其他兴盛的商业活动使得山陕商人和泽潞商人先后在此修建了山陕会馆和潞泽会馆，分别称为西会馆、东会馆
河南中部			
汝州半扎村	位于汝州蟒川镇西南，北有北小河，南有万泉河流过。古时襄洛古商道经过此地	半扎村民居	半扎因位于襄洛古商道上，故多有商人在此来往，逐渐发展为村，因先有沿万泉河的古商道后有村，故而半扎村沿街只有半边建筑，临街建筑多为前店后宅四合院，垂直主商业街有小巷，巷中多为一般居住建筑。在村东街末北有一座山陕会馆，一般称作半扎关帝庙
郏县	位于河南省中部偏西，地势东南、西北高而中部低，南有汝河	 郏县山陕会馆	郏县是河东池盐从洛阳经宛洛古道发往南阳途中的重要节点，古代山陕商人多会于此，据当地人称曾有两处山陕会馆，现在西关遗存一处。郏县矿石资源丰富，传统民居、会馆多用红石作为基础与柱础

（续表）

名称	地域特征	聚落图照	聚落简介
郏县冢头镇	位于郏县县城西北，南北向有蓝河穿过，将冢头镇分为东街村与西街村	 冢头镇民居	冢头镇是宛洛古道重要的交通节点，曾有“小上海”之称，古代山陕商人多在此经营茶、麻、河东盐生意，繁盛之时车马塞满主街西寨大街。西寨大街两旁民居分布紧密，以窄长四合院为主，临街多为下店上宅的二层建筑，砖木结构，临街单层的民居则为前店后宅形式。在东街村老南街蓝河边，据当地人称古时曾有土地庙、文昌庙、石佛寺、大王庙、岳王庙等建筑，多为山陕商人筹资所建，目前仅存大王庙
郏县临沣寨	位于郏县西南，汝河南岸，东依紫云山，南望平顶山	 临沣寨	临沣寨又称“红石古寨”，是典型的寨堡村落。古寨曾经的主人是祖籍洪洞的朱氏一族，朱氏从洪洞前往临沣寨的前身水田村后，学习当地的织席技术，并将竹席贩往运城换取池盐往河南售卖，积累财富后建立临沣寨。临沣寨在修建时很多地方都体现了河东盐文化，例如东门“临沣”寓意解州盐池沣水财源，南门“来薰”来源于运城一带的歌谣《南风歌》，此外寨中还修有关帝庙

（续表）

名称	地域特征	聚落图照	聚落简介
河南南部			
社旗赊店镇	赊店镇隶属南阳社旗县，位于伏牛山南麓，南阳盆地东部，有潘河、赵河在此交汇，三面环水	 社旗赊店镇山陕会馆	赊店镇原为一土寨，于咸丰八年（1858年）由全镇人集资建城墙，次年建成，设九座城门。赊店镇古代是重要的水陆码头，鼎盛时期有十六省商人在此经商，镇内纵横72条商业街巷，商铺主要集中在老街和关帝庙街，很多街巷亦以行业为名，例如南北瓷器街、南北中骡店街，还有以盐行五奎厂命名的五奎厂街。社旗赊店山陕会馆位于永庆街上，南面永安街，北靠五奎厂街，由各行各业山陕商人筹建，始建于清乾隆二十一年（1756年），规模宏大，有“天下第一会馆”之称
邓州汲滩镇	汲滩位于湍河、赵河、延陵河三河交汇地带	 汲滩山陕会馆	汲滩水陆交通便利，是邓州四大古镇之一，有“小汉口”之称，也是山陕商人往来南阳乃至武汉等地的重要节点，现存一处山陕会馆，会馆戏楼与大门分开，且戏楼前有马殿，钟鼓楼位于马殿两侧，与宛洛古道上的山陕会馆格局略有不同

（续表）

名称	地域特征	聚落图照	聚落简介
淅川荆紫关镇	位于淅川西北，地处湖北、河南、陕西交界处，丹江从中穿过	荆紫关镇	发源于商洛山的丹江汇入汉水，进而注入长江，是古代重要的交通线路，荆紫关镇丰富的丹水资源使之成为古代重要交通节点，明清时期商业繁荣，陕西商人多从此进入河南、湖北等地。镇中现存一处山陕会馆，始建于清道光年间，保存较好
陕西中部			
三原	位于渭水以北，关中平原核心地带，东西向有清河穿过	三原城隍庙	三原县治所原名龙镇，在清河以南。明代北部边地设“九镇”，巨大的军需与开中制的实施刺激大量三原商人投身河东盐业运粮中盐，进而促进了三原经济发展，各种商业汇集于此，并形成了相对稳定的商业分区，现今三原城隍庙附近仍保有盐店街名。经济发展带来了人口增加，清河以北逐渐也出现大量聚居区，嘉靖二十年（1541 年），三原增筑北城城墙，至万历二十年（1592 年），城南盐商集资用磨盘石建造龙桥，三原形成以南北大街—龙桥—钟楼为轴线的南北并立格局

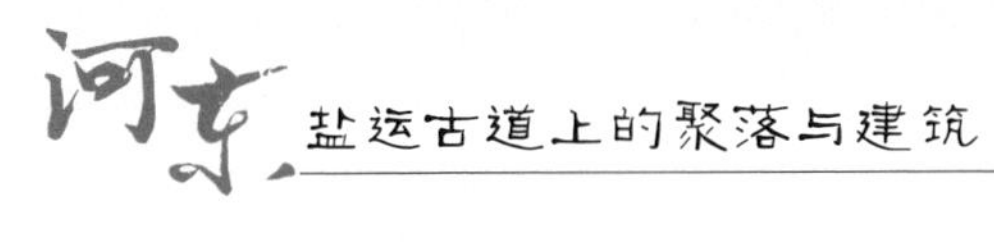

（续表）

名称	地域特征	聚落图照	聚落简介
三原孟店村	位于三原县城西北部，地势平坦	 孟店周家大院	孟店村格局呈线形，民居顺应东西向的商道主街排列，建筑形式多为四合院，临街民居前店后宅，垂直于主街方向有短巷，其两侧分布合院民居，民居之外是大片的农田，这样的格局能最高效地兼顾粮食生产与盐粮贸易活动。村中现存一处盐商故居——周家大院，现仅存一院，其中砖雕、木雕、石雕保存较好
陕西南部			
山阳漫川关镇	位于山阳县东南，南距郧西县上津镇15千米	 漫川关镇	漫川关药材产量丰富，明清两代漫川关水运发达，商业活动繁盛，商人多做盐、药贸易，亦有商人在此将河东池盐装小船顺丰河、夹河经汉水运往旬阳、兴安售卖
丹凤龙驹寨镇	位于丹凤县凤冠山下，丹水北岸，是古代重要的水旱码头	 龙驹寨镇	龙驹寨优越的地理位置使其自古是交通重镇，各方商贾在此云集。极强的商业性带来了大量会馆，龙驹寨镇内现存山陕会馆、船帮会馆、马帮会馆、盐帮会馆、青瓷帮会馆等，其中盐帮会馆即由河东池盐商人筹资兴建

参考文献

专著类

[01] 吴相湘．初修河东盐法志（二册）[M]．台北：学生书局，1966.
[02] 唐仁粤．中国盐业史（地方编）[M]．北京：人民出版社，1997.
[03] 平陆县志 [M]．台北：成文出版社，1976.
[04] 解州安邑县志 [M]．台北：成文出版社，1976.
[05] 翼城县志 [M]．台北：成文出版社，1976.
[06] 柴继光，李希堂，李竹林．晋盐文化述要 [M]．太原：山西人民出版社，1993.
[07]〔日〕寺田隆信．山西商人研究 [M]．张正明，道丰，孙耀，阎守诚译．太原：山西人民出版社，1986.
[08] 刘建生．晋商五百年：河东盐道 [M]．太原：山西教育出版社，2014.
[09] 王金平，徐强，韩卫成．山西民居 [M]．北京：中国建筑工业出版社，2009.
[10] 颜纪臣．山西传统民居 [M]．北京：中国建筑工业出版社，2006.
[11] 张璧田，刘振亚．陕西民居 [M]．北京：中国建筑工业出版社，2018.
[12] 左满常，白宪臣．河南民居 [M]．北京：中国建筑工业出版社，2007.
[13] 楼庆西．中国古代建筑装饰五书·砖雕石刻 [M]．北京：清华大学出版社，2011.
[14] 赵逵．川盐古道：文化线路视野中的聚落与建筑 [M]．南京：东南大学出版社，2008.
[15] 赵逵．历史尘埃下的川盐古道 [M]．上海：东方出版中心，2016.
[16] 赵逵，张晓莉．中国古代盐道 [M]．成都：西南交通大学出版社，2019.
[17] 赵逵，邵岚．山陕会馆与关帝庙 [M]．上海：东方出版中心，2015.
[18] 赵逵，白梅．福建会馆与天后宫 [M]．南京：东南大学出版社，2019.
[19] 周均美．中国会馆志 [M]．北京：方志出版社，2002.
[20] 柴泽俊．解州关帝庙 [M]．北京：文物出版社，2002.
[21] 河南省古代建筑保护研究所，社旗县文化局．社旗山陕会馆 [M]．北京：文物出版社，1999.

[22] 陈清义，刘宜萍．聊城山陕会馆 [M]．香港：华夏文化出版社，2003.
[23] 李秋香，陈志华，楼庆西．郭峪村 [M]．石家庄：河北教育出版社，2003.
[24] 中华人民共和国住房和城乡建设部．中国传统民居类型全集 [M]．北京：中国建筑工业出版社，2014.

学位论文类

[01] 高山．运城盐池神庙建筑研究 [D]．西安：西安建筑科技大学，2004.
[02] 张萍．明清陕西商业地理研究 [D]．西安：陕西师范大学，2004.
[03] 李俊锋．清代河南会馆的空间分布和建筑形式研究 [D]．西安：陕西师范大学，2008.
[04] 张瑶．运城城市空间形态演变研究 [D]．西安：西安建筑科技大学，2017.
[05] 田毅．山西传统民居地理研究 [D]．西安：陕西师范大学，2017.
[06] 王勇红．乾隆年间河东盐商经营状况分析 [D]．太原：山西大学，2005.
[07] 王林林．明清晋豫商路兴衰探析 [D]．郑州：郑州大学，2018.
[08] 王慧．泽潞商帮影响下的沁河流域村落形态研究 [D]．武汉：华中科技大学，2013.
[09] 祁剑青．陕西传统民居地理研究 [D]．西安：陕西师范大学，2017.
[10] 苏毅南．山西传统村落与传统民居空间形态研究 [D]．太原：太原理工大学，2016.
[11] 吴朋飞．山西汾涑流域历史水文地理研究 [D]．西安：陕西师范大学，2008.
[12] 王世伟．明清时期三原、泾阳经济发展及其与西安的关系 [D]．西安：陕西师范大学，2010.
[13] 高兴玺．明清时期山西商帮聚落形态研究 [D]．太原：山西大学，2016.
[14] 白蓉．山西运城盐池神话及其社会记忆研究 [D]．太原：山西师范大学，2018.
[15] 王绚．山西传统堡寨式防御性聚落解析 [D]．天津：天津大学，2002.
[16] 刘书芳．中国历史文化名村——临沣寨 [D]．开封：河南大学，2008.

[17] 任瑞．明清以来山西洪洞董氏家族发展研究 [D]. 太原：山西大学，2013.

[18] 张莹莹．山西书院建筑的调查与实例分析 [D]. 太原：太原理工大学，2007.

[19] 刘乐．川盐古道鄂西北段沿线上的聚落与建筑研究 [D]. 武汉：华中科技大学，2017.

[20] 张晓莉．淮盐运输沿线上的聚落与建筑研究——以清四省行盐图为蓝本 [D]. 武汉：华中科技大学，2018.

[21] 张颖慧．淮北盐运视野下的聚落与建筑研究 [D]. 武汉：华中科技大学，2020.

[22] 肖东升．两浙盐运视野下的聚落与建筑研究 [D]. 武汉：华中科技大学，2020.

[23] 匡杰．两广盐运古道上的聚落与建筑研究 [D]. 武汉：华中科技大学，2020.

[24] 郭思敏．山东盐运视野下的聚落与建筑研究 [D]. 武汉：华中科技大学，2020.

[25] 王特．长芦盐运视野下的聚落与建筑研究 [D]. 武汉：华中科技大学，2020.

[26] 陈创．河东盐运视野下的陕、晋、豫三省聚落与建筑演变发展研究 [D]. 武汉：华中科技大学，2020.

期刊会议类

[01] 李三谋，李著鹏．河东盐运销政策——清代河东盐的贸易问题研究之一 [J]. 盐业史研究，2003(3).

[02] 李三谋，李著鹏．河东盐运销的组织管理——清代河东盐的贸易问题研究之二 [J]. 盐业史研究，2004(1).

[03] 佐伯富，张正明．山西商人的起源与沿革 [J]. 经济问题，1986(6).

[04] 佐伯富，顾南，顾学稼．清代盐政之研究 [J]. 盐业史研究，1993(2).

[05] 柴继光．盐务专学—运学—运城盐池研究之十 [J]. 运城师专学报，1986(3).

[06] 杨全．河南洛阳山陕会馆和潞泽会馆考辨——兼谈历史建筑博物馆的利用 [J]. 博物院，2018(4).

[07] 马月萍．关公信仰空间的构建——以山西运城解州关帝庙为例 [J]. 文物世界，2018(3).

[08] 刘帆，刘虹，莫全章．追寻历史的印记——赊店历史文化名镇传统格局保护研究 [J]．四川建筑科学研究，2015，41(3)．
[09] 祁嘉华，王慧娟．陕西传统村落文化价值研究 [J]．中国名城，2019(1)．
[10] 徐春燕．清代河南地区的会馆与商业 [J]．中州学刊，2008(1)．
[11] 陶宏伟．明清山西商业市镇研究 [J]．忻州师范学院学报，2012，28(2)．
[12] 魏唯一，陈怡．陕西韩城党家村 [J]．文物，2018(12)．
[13] 赵北耀．河东盐池与华夏早期文明 [J]．太原理工大学学报：社会科学版，2015，33(3)．
[14] 王金平，苏婕．汾城古镇聚落形态分析 [J]．南方建筑，2013(2)．
[15] 张恋绮，李刚．论定靖“盐马交易”与陕西商帮的兴起及其演变 [J]．榆林学院学报，2013(3)．
[16] 李添文．论蒋兆奎的《河东盐法备览》[J]．唐山师范学院学报，2016，38(4)．
[17] 侯娟．“治水即以治盐”：明清山西解州盐池渠堰修筑与村落组织 [J]．山西档案，2015(3)．
[18] 赵逵，杨雪松．川盐古道与盐业古镇的历史研究 [J]．盐业史研究，2007(2)．
[19] 赵逵，张钰，杨雪松．川盐文化线路与传统聚落 [J]．规划师，2007(11)．
[20] 杨雪松，赵逵．“川盐古道”文化线路的特征解析 [J]．华中建筑，2008(10)．
[21] 杨雪松，赵逵．潜在的文化线路——“川盐古道”[J]．华中建筑，2009，27(3)．
[22] 赵逵，桂宇晖，杜海．试论川盐古道 [J]．盐业史研究，2014(3)．
[23] 赵逵．川盐古道上的传统民居 [J]．中国三峡，2014(10)．
[24] 赵逵．川盐古道上的传统聚落 [J]．中国三峡，2014(10)．
[25] 赵逵．川盐古道上的盐业会馆 [J]．中国三峡，2014(10)．
[26] 赵逵．川盐古道的形成与线路分布 [J]．中国三峡，2014(10)．
[27] 赵逵，张晓莉．淮盐运输线路及沿线城镇聚落研究 [J]．华中师范大学学报：自然科学版，2019，53(3)．
[28] 赵逵，王特．长芦盐运线路上的聚落与建筑研究 [J]．智能建筑与智慧城市，2019(11)．

[29] 赵逵，张晓莉，王特．明清盐业经济作用下长芦海盐聚落演变研究［C］//．面向高质量发展的空间治理——2021 中国城市规划年会论文集（09 城市文化遗产保护），2021.